AF428818

مهرة سالم محمد القاسمي

الملامحُ العامَّة للبحث العلمي في الدراسات الاجتماعيَّة

الإطار النظري

AUSTIN MACAULEY PUBLISHERS™

LONDON • CAMBRIDGE • NEW YORK • SHARJAH

الرقم الدولي الموحد للكتاب 9789948795247 (غلاف ورقي)
الرقم الدولي الموحد للكتاب 9789948795254 (كتاب إلكتروني)

رقم الطلب: MC-10-01-1096042
التصنيف العمري: E

تم تصنيف وتحديد الفئة العمرية الّتي تلائم محتوى الكتب وفقًا لنظام التصنيف العمري الصادر عن وزارة الثقافة والشباب.

الطبعة الأولى 2023
أوستن ماكولي للنشر م. م. ح
مدينة الشارقة للنشر
صندوق بريد [519201]
الشارقة، الإمارات العربية المتحدة
www.austinmacauley.ae
+971 655 95 202

تمهيد

تأتي كتابة المناهج العلميّة في البحوث الاجتماعيّة في مقدّمة الأوليات بالنسبة للمهتمّين ببثِّ الوعي المجتمعي حول تشخيص المشكلات الاجتماعيّة وإيجاد الحلول الناجعة لها، كما أنَّ الإلمام بالمناهج العلميّة يمثِّل مصدرًا مهمًّا للمعرفة الّتي لا يمكن الاكتفاء بالحصول عليها من خلال جمع المعلومات فقط لأي قضيّة تثير فضول الباحث، ولكن يتحتّمُ ذلك ببلورة تلك المعلومات الّتي تتعلّق بالقضية، بالمزيد من التعمُّق في البحث والتقصّي.

وكما يذهب عادل الريان (2020): إنّ "المعلومات" لم تصل للنضج المعرفيّ بعد، وإنّما ما زالت في طور التشكيل والتجريب والاختبار، بينما المعرفة تتمثّلُ بتلك المعلومات الّتي تبلورت لتهتمَّ بالعلاقات التي تربط بين بعضها ببعض من خلال الممارسات والتجارب والخبرات الناجمة عنها.

وبذلك تشكُّل المعرفة عصب البحوث العلميّة في كلِّ المجالات، وهدفُها الأساسيّ هو تطوير العلم ونموّه، ولا يحدث التطوير والنموّ من فراغٍ وإنّما بمعرفة أهمّ متطلبات البحث العلميّ الّتي يجب أن يدركها الباحث للوصول إلى الهدف المرجوِّ.

ويحدّد باحثون أهمَّ متطلّبات البحث العلمي، كالتالي:

<u>الفهم</u>: وهو الخاصيّة المهمّة لتفسيرٍ محدِّدٍ لجمع البيانات والإحصاءات وتصنيف المعلومات وتحديد الظواهر الّتي يهدف إليها العلم، وكيفيّة تلازم الأحداث

المدروسة، ومن خلال ذلك يتمُّ التوصُّل إلى إطلاق التعميمات ليؤدي إلى صياغة نظرية علميّة.

<u>التنبُّؤ</u>: وهو الصياغات الناتجة في ضوء الفهم الجيّد المنبثقِ في الأصل من التعميمات المستحدثة، وبذلك فالتنبُّؤ هو تصوّرُ انطباق القانون أو القاعدة في مواقف أخرى غير تلك الّتي نشأ عنها أساسًا.

<u>التحكُّم</u>: وهو يُعدُّ نتيجةً من نتائج العلاقة الناجمة بين الفهم والتنبُّؤ، فهو يعني سيطرةً أكبر على الظواهر من خلال المعرفة الدّقيقة لها وللأحداث (صالح، سعد الدين 1998 :14).

وعلى هذه الأسس، تجدرُ الإشارة للمعنى اللّغوي للبحث العلمي، والّذي يُقصَد به "التقصّي (خاصّة المنهجيّ) في سبيل زيادة جملة المعرفة"، أو هو "محاولة صادقةٌ لاكتشاف الحقيقة بطريقةٍ منهجيّة، وعرضها بعد تَقَصٍّ دقيق وعميق، عرضًا ينمُّ عن فهم وذكاء، لإضافة لبنةٍ في بنية المعرفة الإنسانيّة" (زيتون، عبد الحميد، 2004: 10).

وهناك تعريفاتٌ كثيرة تدور معظمها حول كون البحث العلميّ وسيلةً للاستعلام والاستقصاء المنظّم الّذي يقوم به الباحث بغرض اكتشاف معلوماتٍ جديدةٍ أو تطويرٍ أو تصحيحٍ أو تحقيقِ معلوماتٍ موجودة بالفعل.

ومن هذه التّعريفات أنّه "وسيلة للدّراسة يمكن بواسطتها الوصول إلى حلٍّ لمشكلة محدّدة، وذلك عن طريق التقصّي الشامل والدّقيق لجميع الشواهد والأدلّةِ الّتي تتّصل بهذه المشكلة" (صالح، سعد الدين 11:1998).

كما أنَّ البحث العلمي هو مجموعة من القواعد العامّة تهيمن على العقل وتحدّد عملياته لكي يصلَ إلى نتيجة معلومة.

ويَنْقِل كمال عبد الحميد زيتون (2004) عن المؤرّخ التُّركيّ "حاجي خليفة" من كتابه "كشف الظّنون عن أسامي الكتب والفنون" قوله: إنَّ الباحث لا يخرج عمله عن سبعةِ أشكالٍ:

- يبحث عن شيءٍ لم يُسبق إليه فيخترعه.

- أو شيء ناقص فيتمّه.

- أو شيءٍ مغلق فيشرحه.

- أو شيءٍ طويل فيختصره دون أن يخلَّ بشيء من معانيه.

- أو شيء متفرّقٍ فيجمعه.

- أو شيءٍ مختلط فيرتّبه.

- أو شيءٍ أخطأ فيه مصنِّفُه فيُصلحه.

فالبحث العلمي إذًا ما هو إلا تَقَصٍّ للمعرفة الَّتي يتطلّب الوصول إليها الالتزام بخطواتٍ منهجيّة، ويبدأ بالبحث عن إجابة لسؤالٍ أو أكثر، وتكون مهمّةُ الباحث فيه السعي للوصول إلى هذه الإجابة عبر سلسلةٍ من الخطوات المنهجيّة المنظّمةِ في أيّ مجال من مجالات المعرفة المتعدّدةِ.

وعلى أيّ حالٍ، فإنَّ مجالات البحوث العلميّة عمومًا تتّسعُ لتشمل كلّ مناحي الحياة، كما أنَّها تختلف باختلاف حقولِها وميادينها العلميّة والاجتماعيّة. ويمكن تقسيمُها إلى قسمين رئيسَين: دراسات نظريّة بحتة، ودراسات عمليّة تطبيقيّة. ونُشير إلى كلِّ منهما فيما يلي:

أوّلًا: الدّراسات النظريّة البحتة (Pure Research)

تعتمد الدراسات النظريّة البحتة بصورة أساسيّة على الفكرة والتّحليل للمادة الّتي يمكنُ وجودها جاهزةً في المكتبات.

ويهدفُ هذا النوع من الدراسات إلى معرفة حقيقة موضوع البحث وتطوير مفاهيمه النظريّة، ومحاولة الوصول إلى تعميمات، ومن أمثلة هذه البحوث تلك الّتي تجري في حقل الرّياضيات البحتة.

ثانيًا: الدّراسات العمليّة التطبيقيّة (Applied Research)

ويعني البحث العملي التطبيقيّ؛ سعيُ الباحث لإيجاد حلٍّ لمشكلةٍ قائمة، أو التوصُّل إلى علاج لموقف معين. وبصفة عامّة، يحصر الباحثُ اهتمامه في البحث عن علاج تلك المشكلة، ويعتمد على الدّراسات المخبريّة أو الميدانية للتأكُّدِ من إمكانيّة تطبيق نتائجها على الواقع؛ ومثال لهذه البحوث تلك الّتي تجريها الشركاتُ لإيجاد حلولٍ لمشكلات التسويق أو الإنتاج (غرايبة، وآخرون 7:1977).

وأخيرًا، يجب الأخذ في الاعتبار عدم أهميّة التقسيم في البحث العلميّ بين بحثٍ نظريٍّ وبحثٍ عمليٍّ، حيث إنَّ معظمَ البحوث العلميّة تكون في الواقع مزيجًا من النظرية والتطبيق. فالبحثُ النظريّ البحت في الرياضيات مثلًا قد لا يؤدّي إلى نتيجةٍ مباشرة أو إيجاد حلول لمشكلات معيّنة، ولكنّه يبحث في الأوضاع القائمة، ويغير أساسًا نظريًّا تعتمد عليه البحوثُ التطبيقيّة في ميادين عدّة، كالهندسة والفلك وما شابه، كما أنّه يفتح آفاقًا جديدة للبحث العلمي في المستقبل يعود بالفائدة على المجتمع. إضافةً إلى أنَّ للخلفيّة النظريّة أهميةً قصوى في توجيه مسار البحث نحو إيجاد حلول للمشكلات العمليّة.

وللبحوثِ العلميّة طرائقُ كثيرةٌ ومتنوعة تختلف باختلاف الزاوية الَّتي ينظر الباحثُ منها، فإذا نظر إليها من حيث ميدان البحث، فهناك الوصفيّة، والتنبُّؤيّة، وتقرير السببيّة، وتقرير الحالة، وما شابه ذلك، كما يمكن تقسيمها من حيث المكان إلى ميدانيّة ومخبريّة، وكذلك من حيث طبيعة البيانات إلى كيفيّة وكميّة، ومن حيث صيغ التّفكير إلى استنتاجيّة واستقرائيّة، وهكذا.

ولكن يجب ألّا يغيبَ عن البال أنّ كلَّ البحوث الَّتي يتمُّ القيام بها يمكن أن تُستعملَ فيها أكثر من طريقة في البحث، لأنّه أيًّا كان ميدان البحث يستطيع الباحث استخدامَ عدّة طرقٍ في ذلك الميدان، فبالإضافة إلى الاستبيان مثلًا، قد يستعمل المكتبة والمختبر في دراسة ظاهرةٍ ما، وعلى الباحث أن يختار ما هو مناسبٌ لموضوع بحثه.

وباختصارٍ، فإنَّ البحث العلميّ عبارةٌ عن منظومة فكريّة، وطرقٍ مقنّنةٍ ومنظّمة يسلكُها الباحث في معالجة أيّ مشكلةٍ من مشكلات المعرفة، كشفًا واختراعًا، أو تدليلًا وبرهانًا، وتتواءم مع الأسلوب والطريقة التي تناسبها.

وكثيرًا ما يتكّون البحثُ العلميُّ من ثلاثة أطرٍ: الإطار النظريّ: وهو الَّذي يوجّه مسارَ البحثِ وطريقة تناوله، ويقصد به ذلك المكّون الرئيس للأبحاث والرسائل العلميّة، وهو بمثابة الهيكل العظميّ بالنّسبة للإنسان الَّذي لا غنى عنه للبحث العلميّ. ويُعرّفُ الإطار النظريّ في البحث العلميّ أنه عبارةٌ عن مجموعةٍ الصفات النظريّة الَّتي يتمُّ تدوينها في مناهج البحوثِ العلميّة عمومًا، أو أيّ رسالةٍ أكاديميّة، ويتمثَّل ذلك في أهميّة الدّراسة وأهدافها، والمناهج العلميّة المستخدَمةِ في الدّراسة والمصطلحات والفرضيّات المصاغَة من جانب الباحث، وما يستعين به الكاتبُ أو الباحث العلميُّ من دراسات سابقةٍ تسهمُ في تعمُّقه في دراسة جميع الجوانب المتعلّقة بالمشكلة موضوع البحث.

والإطارُ التجريبيُّ: هو ذلك الجانب العمليُّ أو الميدانيُّ، والّذي يهتمُّ بالجانب التطبيقيِّ للأُطرِ النظريّة، وتتحدّد فيه التقنيّات المنهجيّة من أدوات جمع المادة ومكوّناتها، وأخيرًا، وأخيرًا: الجانب التفسيريّ، ويقصَدُ به كيفيّة ما يقوم به الباحث من تحليلٍ للبيانات الّتي توصّلت إليها الدراسةُ عن طريق جمع البياناتِ والمشاهداتِ، أو ما يطّلع عليه الباحث من خلال قراءاته عن الموضوع، والقيام بتفسيرها في ضوء المعطيات النظريّة وما توصّلَ إليه من إدراكاتٍ معرفية، كما يهتمُّ الإطار التفسيريّ بعملية التنبُّؤ بمسار الظواهر المدروسة.

لذلك كان حرصُ "مكتبة اليقظة العربيّة" برأس الخيمة تزويدَ الباحثِ بقدرٍ من المعرفة العلميّة في البحوث الاجتماعيّة بتقديم سلسلةٍ من الكُتبِ تحت عنوانٍ رئيسٍ:

"الملامحُ العامّة للبحث العلميّ في الدّراسات الاجتماعيّة"، ثمّ يكتمل كلّ كتابٍ منها بإضافة عنوانٍ آخر طبقًا لاختيار كلّ إطارٍ من الأطر المذكورة على حدةٍ في كتاب مستقل. كأن يضاف مثلًا للعنوان العامّ للكتاب الأول صفة: "الإطار النظري"، وللكتاب الثاني تكون الإضافة بعنوان: "الإطار التجريبيّ"، وهكذا. والهدفُ من اللّجوء إلى فصل العناوين عن بعضها مخصّصة في كتابٍ مستقلٍ وصغيرٍ، هو لفتُ انتباه الباحث وخاصّةً المبتدئ عن تساوي هذه الأطر في الأهميّة لكتابة بحثٍ متكاملٍ في منهجيّته من الناحية العلميّة.

وكلُّنا أملٌ أن تغطّي هذه السلسلة قدرًا من احتياجات الباحث، وتكون استجابةً لاستفساراته الملحّة في كلّ ما هو مُتاحٌ فيها، وتسهيل المعرفة لكلِّ ما يمتُّ بالمناهج في البحوث الاجتماعية من صلة.

وتبدأ السلسلة بالكتاب الأوّل الّذي بين أيدينا، والّذي يهتمُّ بالملامح العامّة للبحث الاجتماعيّ المتعلّق بالأُسس النظريّة الّتي يحتويها الكتاب، وشرح مصطلحاتها

ومفاهيمها المعرفيّة والمنهجيّة، وكيفيّة استخدام المصادر والمراجع وغيرها، وسيتناول الكتاب الّذي سيَليه الإطارَ التجريبيّ (الإمبريقي) وخصائصه، مع الحرص على كيفيّة تطبيق الأطر النظريّة والتقنيات المنهجيّة من أدواتِ جمع المادةِ ومكوّناتها وأشكالها.

أمّا المؤلَّف الثّالث من هذه السلسلة، فقد خُصّص لكيفيّة تحليل النتائج الّتي تتوصّلُ إليها الدراسةُ، وتفسيرها في ضوء المعطيات النظريّة، ومحاولة التنبُّؤ بمسار الظواهر المدروسة.

المقدّمة

يهتمُّ هذا الكتاب بالإطار النظريّ، ويتناول الملامح العامّة للبحث الاجتماعيّ المتعلّق بالأسس النظريّة الّتي يحتويها الكتاب، وشرح مصطلحاتها ومفاهيمها المعرفيّة والمنهجيّة، وكيفيّة استخدام المصادر والمراجع، كذلك يعرج الكتابُ إلى أهميّة دور المكتبة عمومًا وأنواعها، مع إلقاء الضوء على دور مكتبة اليقظة العربيّة برأس الخيمة وجهدها في نشر الوعي المعرفيّ في المجتمع.

ويعتبرُ هذا المؤلَّف هو الخامس "لمكتبة اليقظة العربيّة"، بعد أربعة مؤلَّفاتِ سبقته[1] وأصدرَتها دورُ نشرٍ من جمهوريّة مصر العربيّة؛ جاءت ثلاثةٌ منها في سلسلة تخصّصت في مجال التربية وعلم النفس الاجتماعيّ، مُقتصرةً على الأسس السليمة لتربية النّشء، والتعامُلِ مع المشكلات الاجتماعيّة الّتي تعترضهم. واهتمّ الكتابُ الرّابع بالناحية الصحيّة للإنسان، وأهميّة التداوي بالأعشاب بطريقةٍ صحيحة،

---

[1] مؤلَّفات سابقة لعضوات مِن مكتبة اليقظة العربية:

1- مهرة سالم القاسمي (٢٠١٠) دور التنشئة الاجتماعية في تشكيل السلوك السوي للأبناء، الطبعة الأولى، القاهرة دار الفكر العربي، الطبعة الثانية (٢٠١٣) مكتبة جزيرة الورد.

2- مهرة سالم القاسمي، وعائشة جاسم الشامسي (٢٠١٣) تطور نمو الأبناء ومتطلبات المراحل، القاهرة، مكتبة جزيرة الورد.

3- مهرة سالم القاسمي (٢٠١٣) انحراف الأحداث مشكلة تؤرّق المجتمع العربي، القاهرة، مكتبة جزيرة الورد.

4- حصة محمد (٢٠١٣) كيف يكون طعامك غذاءً ودواءً؟ القاهرة، مكتبة جزيرة الورد.

والتّقليل قدر الإمكان من الاعتماد العشوائيّ على الأدوية الطبيّة التقليديّة الّتي كثيرًا ما يلجأ إليها البعضُ بطريقة مفرطة، أو دون استشارة طبيب، وذلك لما لهذه الطريقة من أضرار جانبيّة على صحّة الإنسان.

ورغم أنّ موضوع مناهج البحث العلمي كنتُ قد بدأتُ فيه قبل الكُتب الّتي ذكرتُها، فقد عدتُ إليه مؤخرًا، وكان سبب التأخير حرصًا منّا على أن نعطي تربية النّشء الأولويّة من الاهتمام، فجاءت الإصداراتُ السابقة في تسلسلها الطبيعيّ، حيث يأتي موضوعها في مجال التربية وعلم النفس الاجتماعي. وقد أدّى هذا التأخير إلى فقدان كثيرٍ من المعلومات عن بعض المراجع الّتي اعتمدتُ على أدبيّاتها في هذا الكتاب، ممّا اضطرّني أحيانًا إلى حذف بعضها أو تجاهُل ذكرِها في المتون وفي الببليوجرافيا.

علمًا أن المادة الّتي اعتمدتُ عليها هنا، إلى جانب الرّجوع إلى الكتب والإنترنت، جاء بعضُها من أدبيّاتٍ ومقالاتٍ احتفظتُ ببعضها، ممّا قد تمّ استخدامه أثناء قيامي بإجراء بحوثٍ في مجال مناهج البحثِ أثناء دراستي في الجامعات البريطانيّة والمصريّة، إضافةً استعنتُ بذكر ما اختزنَتهُ الذّاكرةُ من بعض المعلومات والأفكار الّتي ترتبط بالموضوع، بعد التأكُّد من مصداقيّتها وتقييمها، وهي الّتي اكتسبتُها من "سيمينارات" متخصّصة حرصتُ على حضورها، وكذلك عن طريق متابعة بعض الدّورات البحثيّةِ الّتي تعلَّمتُها عبر الإنترنت.

وقد يُلاحظ القارئ في هذا الكتاب تكرارًا لبعض المفاهيم والأفكار، وإن صيغَت بأسلوبٍ مختلفٍ وتمّ تناولها في سياقٍ آخر، ويأتي التكرارُ تعبيرًا عن رغبةٍ مقصودة في أن تترسّخَ هذه المعاني والأفكار لدى الباحث تلقائيًا فتضفي على حصيلته الفكريّة في البحث العلمي مزيدًا من الإثراء الأكاديميّ ووضوح الفكر.

لا شكَّ أنَّ لهذه السلسلة من الكتب المتخصِّصة في مناهج البحث، وفي مستهلّها هذا الكتاب أهميّةً كبيرةً لا تقلُّ عن تلك الّتي اهتمّت بقضايا النشء، والّتي سبقَت هذه السلسلة في النشر. إنّ اهتمام مكتبة اليقظة العربيّة بمناهج البحث الاجتماعيّ يعبّر عن اهتمامها بتقدُّم المجتمع وصقل الوعي فيه والارتقاء بالفكر وتنقيته من الشوائبِ والتّضليل الّذي لعب بعقولِ الدّهماء من الناس، والّتي بُليت بها مجتمعاتنا العربيّة، وكان لها الأثر المدمّرَ لأمنه ورفاهيّته، فبهذا الجهل أُهدِرَت الدّماء العربيّة في الوطن العربيّ، وكادت تقضي على معالم الحضارة العربيّة كما شاهدنا وشاهدَ العالمُ معنا ما كان يجري في اليمن وسوريّة والعراق وليبيا وغيرها من أجزاء وطننا العربيّ تحتَ مسمّيات ومبررات اخترعها الأعداءُ وخطّط لها، ونفذّها الأشقياء جهلًا.

ولا شكَّ أنَّ هذه الأحداث الكارثيّة الّتي صُنعَت في دهاليز المخابرات الأجنبيّة لم تكن لتحدثَ لو أُعطي الاهتمام الكافي لتطوير الوعي العربيّ وتسليح النّشء بالعلم والمعرفة.

وصدقَ الدّكتور أحمد بدر عندما لمّحَ في كتابه "أصول البحث العلميّ ومناهجه" إلى هذه الأحداث التراجيديّة مُحمِّلًا المسؤولية للاستخدام الخاطئ للمعرفة.

ولا شكَّ أنّ المعرفة ودورها في شنِّ الحروب قد تمَّ توجيهُها إلى ما لا يتناسب مع الطبيعة البشريّة الّتي فُطِرَت على الخير ولكنّها أُعطيَت حريةَ الاختيار بينه وبين الشرِّ، وهنا يأتي دورُ الكلمة في إذكاء كلّ ما هو خيرٌ، ونبذ كلّ ما هو شرُّ، لذلك يجبُ صياغة الكلمة في سياقٍ منهجيّ علميّ تمهيدًا للعمل الصالح، بحيث لا تقبل المراوغة والاحتيال، وهذا ما يرمي إليه الدكتور أحمد بدر في كتابه، حيث يقول:

"لقد وضعَ العلم الحديث في يد الإنسان قوّةً تكاد تكون غير محدودة، وبالتّالي فإنّ هذا العلم الحديثَ يضعُ على الإنسان مستوًى جديدًا من المسؤوليّة المعنوية..

من أجل رفاهيّة الإنسان وتقدُّمه، وذلك عن طريق البحث العلميّ، ونحن نؤمن أنّ الطريق إلى التقدُّمِ لا يقعُ في اتّجاه اللّعنة على العلم – إذا أسيء استخدامه في أغراض الحرب والتدمير – ولكنّنا نختارُ طريق التقدُّم ونسير فيه، مع تطوير المفاهيم الأساسيّة والطّرق الصحيحة، والّتي يمكن بواسطتها توجيه الإنجازات الهائلة للعلم من أجل تحقيق الرفاهيّة للإنسان" (12:1994).

وهكذا عبر تطوّر البحث العلميّ بالفكر، من حالة الغيبيات، مرورًا بالفلسفة الّتي مهَّدَت لإثراء المعرفة بالتأمُّل وامتزجَت بما وصل إليه العلم من معرفةٍ عن طريق التجريب والتحليل.

وفي ضوء هذه المعطيات، ولاحتياج المجتمع العربيّ بصفة عامّة، ومجتمع الإمارات العربيّة المتحدّة، وإمارة رأس الخيمة تحديدًا، لشتّى صنوف المعرفة، فإنّ مكتبة اليقظة العربيّة برأس الخيمة؛ وهي تصارع من أجل البقاء، حرصت بما استطاعَت إليه من سبيل على اقتناء الكثير من الكتب والمراجع، ومثّلَت رافدًا مهمًّا من روافد العلم والمعرفة، ومصدرًا ثريًّا للمعلومات البحثيّة، وضعَتهُ تحت تصرُّفِ الباحثين والطلبة. إضافةً، قدّمت مكتبة اليقظة العربيّة منذُ إنشائها عام ١٩٩٠ لسنواتٍ طويلة امتدّت أكثر من ثلاثين عامًا من عمرها حتّى الآن، كلّ السُّبل الّتي من شأنها رفع المستوى الثقافيّ، وتحقيق أكبر قدرٍ من الإنجاز العلميّ لأبناء رأس الخيمة، وخاصّة طلاب المدارس والجامعات.

وكان من بين أهداف المكتبة الّتي حرصَت على أن تؤدّيه بقدر طاقتها؛ هو بثُّ الوعيّ المجتمعيّ في الإمارة، وغرس الانتماء للهويّة العربيّة بين أفراد المجتمع، وساعد على ذلك مساهمة رجال الفكر والثقافة العرب؛ إماراتيين، وآخرين من أنحاء متفرّقة من الوطن العربي، وكذلك العرب المقيمون في الدّولة الّذين لبّوا الدّعوات الّتي اعتادت أن تقدّمُها لهم المكتبة، جاؤوا تطوُّعا للمساهمة في نشر الثّقافة وبثّ

الوعي العربيّ، فكان لأدائهم ميزةٌ تجلَّت بوحدة شعور الانتماء العربيّ من خلال مجهوداتهم النبيلة التطوعيّة.

فلكلّ من شارك بجهده في هذا الصرح العلميّ المتواضِع، محاضرًا أو مدرّسًا، موظّفًا أو مشاركًا بالعمل التطوعي، عضوًا أو زائرًا، أقدّم خالص الشُّكر والتقدير.

كما أتقدّم بالشُّكر لكلّ من قرأ مسودة الكتاب، وعلّق أو اقترح أو صحّح، فمن دون كلّ هذه الجهود مجتمعةً، والّتي شكّلت حافزًا لي فيما بذلتُه من جهود لإنجاز هذه السّلسلة المنهجيّة، لم يكن لهذا الكتاب من السلسلة أن يُنجَز، أمّا شُكري الواجب أيضًا؛ وبناءً على طلبها وعرفانًا بفضلها، هو للسيّدة نورا عيد أحمد؛ الإنسانة الّتي اعتدتُ أن أوجّهها على كيفيّة تقديم المساعدة للباحثين وطالبي العلم وتوفير الراحة لهم، منذ أن كانت فتاةً صغيرة، رافقتني رحلةَ البعاد عن الوطن، فتحمَّلت معي مشاقّ الغربةِ وتقلُّبَ الطقس عندما كنتُ في بريطانيا، فأتقنَت تنظيمَ الورق والطباعة والتصوير وغيرها، ووفّرت من وقتي وأنا طالبةٌ، وما زالت تقوم بنفس الدّور وأنا باحثةٌ، فاستحقّت الشُّكر بقدرِ هذه العبارات الطويلة.

محتويات الكتاب

يتضمّنُ هذا الكتاب تمهيدًا، ومقدّمةً، وستّة فصولٍ، وخاتمة، وذلك على النحو التالي:

تمهيد: يبدأ الكتاب به، ويلخّصُ أهمّ ما يميّز البحث العلميّ، من حيث الماهية والمراحل والنوع وغيرها.

المقدّمة: وتُلقي الضوء على مكوّنات الكتاب، وأهميّة ما يحتويه من فصوله ومن مفاهيم معرفيّة وجذورها وتنوّعها، وتعدّد استخداماتها، وما يُميّز كلًّا منها.

ويتضمّن الفصل الأول: غايات البحث العلميّ، وتطوّره، وماهيّته، وقد تناولتُ فيه تطوّر الفكر الإنساني في ثلاث مراحل: (المرحلة البدائيّة أو المعرفة الحسيّة، المرحلة الفلسفيّة الميتافيزيقيّة، مرحلة المعرفة العلميّة)، ثمّ تعرّضتُ للتعريف بالعلم وأهدافه ووظائفه.

ويتضمّن الفصل الثّاني الإطار النّظري، وأهميّة توضيح المفاهيم والمصطلحات، وفيه أشرتُ إلى بعض المصطلحات المهمّة في البحوث العلميّة، بدءًا بالنظريّة والفرض وخطوات التوصُّل إلى التصوُّر النظريّ والمتغيّرات، وبعد ذلك انتقلتُ إلى مناقشة كلٍّ من المفهوم، والمصطلح، والتعريف، واستعمالات كلٍّ منها، والفروق بينها.

في الفصل الثّالث قمتُ بمناقشة تعدُّد مناهج البحث في العلوم الاجتماعيّة والإنسانية وسماتها، وخصّصتُه لبيان الاختلاف في تصنيف المناهج، وذلك لأنَّ

العلوم ما زالت تفتقر إلى تصنيف موحَّدٍ يجمع بينها، ممّا أدَّى إلى الاختلاف في تصنيفها بين الباحثين، وإدراج أيٍّ منها ضمن المناهج أو ضمن التقنيات، مستندًا كلّ منهم على تحليله الذاتيّ وخبرته العلميّة. لذلك تناولتُ التعريف بالمنهجيّة والمنهج، وكذلك طرق البحث والسمات العامّة لتصميم البحث الاجتماعيّ، مع بيان أنواع المناهج العلميّة طبقًا للتخصُّصات، وكذلك البحوث العلميّة في العلوم الاجتماعيّة والإنسانيّة.

وفي الفصل الرابع تعرَّضتُ لتوضيح المعايير النظريّة، والشروط الّتي يتحتمُ على الباحث اتّباعها عند كتابة الإطار النظريّ؛ ومنها اختيار الموضوع، والمقدّمة وخصائصها ومضمونها، وكذلك مشكلة البحث وتحديدها وصياغتها، ومراجعة الأدبيات ومعايير ذلك.

وفي الفصل الخامس ناقشتُ أهمَّ النّقاط في منهجيّة التعامُل مع المصادر والمراجع والهوامش.

أمّا الفصل السّادس والأخير، فقد ألقيتُ الضوءَ على دور المكتبات بصفةٍ عامّة، وأشرتُ إلى بعض أشكالها، وخصائص كلّ منها، وأهميّتها كمصدرٍ معرفيٍّ لا غنىً للباحث عنه، كما أبرزتُ الدّور المعرفيّ والثقافيّ لبعض المكتبات التاريخيّة في الوطن العربيّ، والّتي قليلٌ منها ما زال قائمًا حتّى الآن، مع إعطاء فكرة عن دور "مكتبة اليقظة العربيّة برأس الخيمة"، ظروف نشأتها وخصائصها ومميّزاتها الموضوعيّة.

ثمّ ينتهي الكتاب بخاتمةٍ، تمّت الإشارةُ فيها عن نبذة ممّا يحتويه الكتاب مع مُقترحاتٍ لتطلُعاتٍ مستقبليّة للبحوث الاجتماعيّة في الوطن العربيّ.

وبالله التّوفيق.

الفصل الأوَّل
غاياتُ البحث العلميّ..
ماهيَّته وتطوُّره

تتمثّل غاية البحث العلميّ وأهميّته في إدراك الظواهر المحيطة بالإنسان وتفسيرها، ومن ثَمّ التوصُّل إلى قوانين تحكمها قابلة للتقييم؛ إثباتًا أو رفضًا أو بالخضوع للتعديل والتصويب، فالعلمُ -كنشاطٍ عقليّ- مرتبطٌ بالمعرفة العلميّة، وتُعتبَر هذه المعرفة هي السبب والنتيجة لاستعمال مناهج البحث. وهنا تأتي ضرورة الحرص على الاختيار السليم لمناهج البحث الاجتماعي وأدواته في دراسة موضوعٍ معين، لتضيف للحقل الاجتماعي مزيدًا من المصداقيّة في إيجاد حلولٍ للظّواهر الّتي تشدُّ انتباه الباحثين.

وللبحث العلميّ في هذه العلوم ملامحه وسماته الّتي يجب ألّا تغيبَ عن اهتمام الباحث المتمرّن.

ويتوقّفُ تحقيق النجاح العلمي إلى حدٍّ كبير على الاختيار الصحيح للمنهج المتّبَع في دراسة موضوع البحث والطرق المناسبة لجمع مادته، وإلّا لن يكون البديل إلّا النتائج العشوائيّة والوصول لمعرفة غير علميّة. وما الانتكاسات الّتي حدثت في مسيرة البحوث الاجتماعية إلّا بسبب النقص في تطبيق المناهج العلميّة، أو عدم قدرة الأدوات المنهجيّة على قياس الظاهرة المدروسة.

وهنا يمكن التفريق بين الباحث العلميّ وبين الإنسان العادي عندما يسلكان طرقًا لتحصيل المعرفة؛ فبينما الأوّل يتّبع برنامجًا قد حدّده سلفًا يؤدّي إلى الكشف عن الحقيقة، وذلك باعتماده على مجموعةٍ قواعد تهيمنُ على سير العقل وتحدّد

عملياته حتّى يصل إلى نتيجة معلومة، فإن الإنسان العادي يبني نتائجَهُ على أمورٍ تلقائيّة أو ظنّية، (قاسم، محمد1999).

فالمعرفة إذًا، تتطوّر وتكتسب مصداقيتها بتطوّر أدوات البحث ومناهجه.

وإذا ما تأمّلنا تطوّر التفكير الإنسانيّ، اتّضح لنا كيف أنّ الإنسان استفاد من تراكُمِ الخُبرات بكلّ ما يحيط به في علاقاته الاجتماعية، وتفاعله مع بيئته الطبيعية، فتكوّنَت لديه المعرفة بتلك الأمور التي لاحظ تكرار حدوثها، واستمرّ في تجاربه لإيجاد وسائل التعامُل معها وفهمها.

وكان لنتيجة المعرفة التي أدركها الإنسان إفرازاتُها الفكريّة واللُّغوية، مِن قِيَم ومعانٍ وأحكام أدَّت إلى الوصول لأرقى مستويات المعرفة.

ويمكن إدراج تطوّر الفكر الإنسانيّ في ثلاث مراحل، وهي على النحو التالي:

<u>**المرحلة البدائيّة أو المعرفة الحسيّة**</u>: والّتي اقتصرت على إدراك الإنسان للأمور والظواهر من خلال الحواس، بعيدًا عن استنتاجات الأشياء ومعرفة العلاقات الّتي تربط بينها. فلا تفسير لدى إنسان هذه المرحلة لما يستطيع توقّعه من ملاحظاته بالعين المجرّدة؛ كسقوط المطر أو شدّة الرياح، دون أن يعلم مدى درجتها وأسبابها.

<u>**المرحلة الفلسفيّة، الميتافيزيقيّة**</u>: وهي المرحلة الثّانية للتفكير الإنسانيّ، وتتجاوز مرحلة المعرفة الحسيّة إلى أمورٍ لا يمكن إدراكها بالحواس، وهي مرحلة التفكير العقليّ لتكوين إدراكاتٍ عن قضايا تتعلّقُ بما وراء الطبيعة، والّتي اعتمد فيها الإنسان على التأمُّل، حيث أرجع أسباب هيجان الطبيعة أو هدوئها إلى قوى غيبيّة يوليها اهتمامه ويُظهر ولاءه لها والتقرُّب منها.

<u>**مرحلة المعرفة العلميّة**</u>: وتُعتبَر أرقى مستوى مراحل التفكير، وتعتمد في الأساس على إخضاع الملاحظة للتجربة، للتأكُّد من صدق النتيجة الّتي تمّ التوصُّل إليها. ويتمُّ تكرار التجارب وتوسيع نطاقها للوصول للمعرفة العلميّة في أحكامنا أو

افتراضاتنا، وبذلك يمكن التوصُّل إلى قوانين تنظّم العلاقات بين الظواهر والأشياء، ويعطينا ذلك ميزة التوقُّع وإمكانيّة التنبُّؤ بحدوثها في المستقبل في ظروف معيّنة واشتراطات قد نبقيها أو نقوم بتغيير مساراتها لخلق واقعٍ آخر. إلّا إنّنا يمكن الاعتراف أنّ المعرفة العلميّة نسبيّةٌ، ولا يمكن توصلها إلى نتيجةٍ نهائيّة، وكذلك الحال بالنسبة للتعميم الإمبريقيّ (النتائج العلميّة القائمة على التجريب والملاحظة)، حيث يتضمّنُ صحّةً نسبيّةً، أي قَدْرًا من الصواب، إلى جانب قَدْرٍ آخر من الخطأ.

ورغم وجود اختلافاتٍ ومسافات زمنيّة تفصل بين هذه المراحل المتتابعةِ لتطوّر التفكير الإنسانيّ، إلّا إنّ جميعها ما زال يجري استخدامها متى اقتضت ضرورة البحث لأيّ منها؛ فالتفكير الإنسانيّ بجميع أنماطه يؤدّي للمعرفة الّتي يمكنها أن تساعد الفرد على اتّخاذ قرارٍ لمواجهة أيّ مشكلةٍ أو موقف ما. ويمكنُ الإشارة هنا إلى أهميّة البحث العلميّ ودوره في تقدُّمِ وتطوّرِ وازدهار الدّول، حيثُ يقاس تقدّم الدّول بازدياد عدد الباحثين المؤهّلين والناجحين، وبقدرِ دعمِ هذه الدّول لمراكز البحوث ماديًّا ومعنويًّا، ينعكس ذلك على تقدّمِ المجتمع وتطوّره في جميع المجالات الّتي يشملها البحث والتطوير، اعتمادًا على مناهج علميّة محكمة (العسكري، عبود2002:4).

وتعتمد الدراسة العلميّة في العلوم الاجتماعيّة على سلسلةٍ من الإجراءات الّتي يقوم بها الباحث في دراسته للظواهر الاجتماعيّة أو السلوك الإنسانيّ، والّتي تبدأ بجمع المعلومات ولا تنتهي به. فهي ممارساتٌ عمليّةٌ وتأمُل وبذلُ الجهد في التفكير، والالتزام بخطوات منهجيّة منظّمةٍ يحدّدها الباحث طبقًا لطبيعة المشكلة المدروسة، وما يكتنفها من تساؤلات تثير اهتمامه، ليقوم بدراستها وتحليلها وإيجاد تصوُّرٍ لها.

ويتحدّث الدكتور إبراهيم البيومي غانم، عن صعوبة وطول طريق المعرفة العلميّة والمخاطر الّتي تعتريه في كثير من الأحيان، ولذلك يرى أنّه لا يمكن اعتبار المعرفة العلميّة مجرّد معلوماتٍ أو بيانات وتوجيهات نظريّة، وإنّما هي أيضًا في حقيقتها تتضمَّن الممارسات العملية، كما أنّها ترتكز على التأمُّل، وتحمُّلِ المشاق والمعاناة، والتعوُّدِ على التفكير والصبر (غانم، إبراهيم2008:27).

ويشكّلُ البحث العلميّ وسيلةَ الاتّصال الفكريّ بين الباحث والقرّاء؛ لدراسة متخصّصة في موضوع معيّن يقومُ الباحث بشرح أهميّته للقارئ، وما اعتمد عليه في دراسته من تصوُّراتٍ وفروضٍ وأدوات بحثيّةٍ، وفي بعض الحالات قد يذكرُ ما استغرقته الدّراسة من فترة زمنيّة، وكذلك يبيّن نوع الدراسة والنتائج الّتي توصّلت إليها دراستهُ، ويحتمّ ذلك توخّي الدقّة والوضوح في الشرح، والالتزام بصياغةٍ جيّدة وموضوعيّة وأمانة علميّة.

وما يمكن ملاحظته أو إدراكه، فيما ذُكِرَ أعلاه؛ إنَّ هناك خيطًا رفيعًا يمكن تمييزه يربط بين المعرفة والعلم. وينظر الكثيرون إلى المعرفة على أنّها تتميّز بدرجة أعلى من الخصوصية، "لأنَّ المعرفة هي العلم بعين الشيء مفصّلًا"، حيث إنَّ كلَّ معرفةٍ تُعتبَر علمًا، ولا يُعتبَر كلّ علمٍ معرفةً، فالمعرفةُ هي التمييز بين ما هو معلومٌ عن غيره، بينما لا يفي لفظ العلمِ بهذا الغرض.

وعندما نقول: إنّ العلم هو جزءٌ من المعرفة، نعني بذلك ما يميّزُ المعرفة من خصائصَ تعطيها مكانةً أكثر شمولًا من العلم، كأن نقول: إنَّ المعرفةَ "يتمُّ قولها بنوع من التدبُّر والتفكير، وتُستخدَم في موضع آثاره مدركةٌ، ولا يدرك ذاته"، مثال لذلك أن نقول: "تعرّفتُ على الله"، وبعكس ذلك فإنّ العلم يُستخدَم في إدراك الذات، كأن نقول: "لقد عرفتُ زيدًا"، ولا نقول: "علمت زيدًا". ومن هنا يمكن القول: إنّ العلم

مُكتسَبٌ، بينما المعرفة تُعرَفُ بالاستدلال، وبعكس آخرين يعتبرونها مُكتسبَة، يراها البعض أنّها ضرورةٌ فطريّة، وهي نتاجٌ عقليٌّ.

فالعلم إذًا جزءٌ من المعرفة، وهو مجموعةٌ من المبادئ والقواعد الّتي تشرح بعض الظواهر والعلاقات القائمة بينها، ويقوم على مجموعةٍ من المناهج المحكمَةِ الّتي يتّبعُها الباحث لدراسة الأشياء. أمّا المعرفة فهي نتاجٌ للمعاني والمعتقدات والأحكام والمفاهيم والتصوّرات المتكرّرة لفهم الظواهر ومُسبباتها.

أقسامُ المعرفة ومصادرها

يمكنُ القول: إنّ المعرفةَ هي: "مطلقُ الإدراك تصوّرًا كان أو تصديقًا، منظَّمًا أو غير منظّم، كما أنّها كلُّ "ما يدركه الإنسانُ من تعلُّمٍ، أو خبرةٍ، أو تجربةٍ في مجالٍ معيّن" (المحمودي، محمد2019:4)، إلّا إنَّ المعرفة لها أشكالٌ تُميّزها، ولها مصادرٌ يَستمدُّ الإنسان منها صنوف المعرفة.

أقسامُ المعرفة:
تنقسم المعرفة إلى قسمين، وهي:

1- المعرفةُ الفطريّةُ:
ويُقصَد بها المعرفة الغريزية الّتي تُولَد مع الإنسان، فمنذُ اليوم الأوّل بعد ولادته يبحثُ الطفل عمّا يشبع غريزة الجوع لديه، فيعرفُ كيف يدير رأسه ليرضع من صدر أمّه، يمصُّ أصابعه، يكفُّ عن الرّضاعة عندما يشبع، وهكذا.

٢. المعرفة المُكتَسبةُ:

وهي الَّتي تُكتَسبُ بالتجربة، والمحاولة، والخطأ، وعن طريق الوعي وفهم الحقائق، وبالتأمُّل، ومن خلال تجارب الآخرين والاطّلاع على استنتاجاتهم.

مصادرُ المعرفة:

مصادر المعرفة متعدّدةٌ، وأهمُّها ما يلي:

1- الوحي:

ويُقصَد به ما أنزلَه اللهُ سبحانه وتعالى على الأنبياء من علوم الغيب، وفي شريعتنا يمثّلُ القرآن الكريم أقوى مصادر المعرفة، الَّذي لا يأتيه الباطل من بين يديه ولا من خلفه. وهنا تبرز الأهميّة العُظمى لدراسة القرآن، وبذل قصارى الجهد لفهمه جيّدًا، وعدم الاعتماد على نوازع الهوى أو الارتكان إلى التّلقين والاكتفاء بالتلقي السلبيّ دون إحكام العقل والتدبُّر.

2- الحواس:

إنّها من نِعَم الله؛ أن خلقَ الإنسانَ مزوّدًا بالحواس، مصدرِ المعرفة وتنميتها، فقال تعالى في محكم كتابه:

﴿وَاللَّهُ أَخْرَجَكُم مِن بُطُونِ أُمَّهَاتِكُمْ لَا تَعْلَمُونَ شَيْئًا وَجَعَلَ لَكُمُ السَّمْعَ وَالْأَبْصَارَ وَالْأَفْئِدَةَ لَعَلَّكُمْ تَشْكُرُونَ﴾

[سورة النحل: ٧٨]

3- العقل:

والعقلُ هو مصدر التدبُّر والتمييز، فهو القوّة الّتي تمكّن الإنسان من الاختيار بين الحقّ والباطل، وبين الخطأ والصواب، وبين النّافع والضّار. وللعقل المقدرة على تنمية المعرفة بالاستنباط، والاستنتاج، والإدراك، والفهم لما يصل إليه عن طريق الحواس(المحمودي، محمد4:2019).

وبينما تناولت الفقراتُ السابقة في هذا الكتاب توضيحًا أكثر عن ماذا يقصد بالمعرفة، ومصادرها، فيما يلي نلقي الضوء على ماهية العلم؛ من حيث التعريف، والخصائص، والوظيفة، والأهداف:

ما هو العلم؟

العلمُ في أبسط معانيه هو: "المعرفة المنظّمة بظواهر الكون ووقائعه الّتي تمَّ التوصُّل إليها وصياغتها باستخدام أسلوب أو منهج معين هو المنهج العلميّ." (عبد المؤمن، علي19:2008).

ويُنظَر إلى العلم على أنه "نشاطٌ يهدف إلى زيادة قدرة الإنسان في السيطرةِ على الطبيعة"، وإلى جانب أنّه نشاط طبيعيٌّ يهتمُّ بوصف الظّواهر المختلفة وتصنيفها، يقومُ العلم أيضًا باكتشاف العلاقات بين تلك الظواهر وفهمها، وبواسطته تسهلُ السيطرة على الطبيعة، والظواهر كما هي العلوم المختلفة مترابطة ومتشابكة. ولا يرتبط العلم بموضوعٍ معيّن أو بمجال ما بقدر ما يرتبط بالعلاقات والقوانين الّتي تسير بموجبها الظواهر جميعها، سواءً كانت فيزيائيّة أم بيولوجيّة أم نفسيّة أم اجتماعيّة.

وقد أشرنا سابقًا كيف كانت بدايات المعرفة الإنسانيّة الّتي كانت تتسمُّ بترابط وحدتها منذ النشأة، وارتباطها بالفلسفة. وبظهور المنهج العلميّ في البحث بدأت العلوم الطبيعيّة بالاستقلال عن المعرفة الإنسانية المرتبطة بالفلسفة، وحقّقت تقدُّمًا في مجالاتها الطبيعية، وكان تقدُّمها حافزًا لاستخدام المنهج العلميّ في دراسة الظواهر الإنسانيّة. (عبد المؤمن، علي18:2008).

وما زال الجدلُ قائمًا بين العلماء والباحثين من كلا الاختصاصين، سواءً في العلوم الطبيعيّة أو الاجتماعيّة، وخاصّة فيما يتعلق بماهية العلم وتعريفه؛ فبينما يرى البعض أنَّ العلم جسدٌ مترابط من المعرفة الحقيقيّة، يراه آخرون أنّه الاستقصاء الموضوعيّ للظواهر التجريبيّة. وقد بيّنّا فيما سبق أنّ المعرفة أوسع وأشملُ من العلم، وذلك لما تتضمّنه من معارف علميّة وغير علميّة تميّز فيما بينها أسس قواعد المنهج وأساليب التفكير، ورغم كلّ تلك الاختلافات فإنَّ العلم يمكن أن يُنظَر إليه على أنّه الرديف للمعرفة الّتي هي أيضًا نتاجُ القيام بإجراءاتٍ وقواعد منظّمة، يشكّل مجموعها ما يُعرَف بالمنهج العلمي. (عبد المؤمن، علي19:2008).

الخصائصُ العامّة للعلم:

العلمُ كجهد إنسانيٍّ منظّمٍ له خصائص متعددة، يتميّز بها؛ ومن أهمّها ما يلي:

1- حقائق العلم قابلةٌ للتعديل أو التغيير:

إنّ حقائق العلم ليست ثابتةً أو أبديةً، وليست أمرًا مقدّسًا، أو المعصومة من الخطأ، فهي قابلةٌ للتعديل والتغيير والتّصويب، فمصدرُها الإنسان، وتتأثّرُ بظروف المكان والزمان، وكلّما توفّرت الأدلّة والبراهين تكون المعرفة صادقةً. وعندما تدحض

البراهين والأدلّة ما توصّل إليه العلم من حقائق تصبح خاطئةً ويتوجّبُ مراجعتها وتصحيحها.

2- العلمُ يصحّح نفسه بنفسه:

يتقبّلُ العلم الحقائق والنظريات القديمة دون أن يسعى إلى نبذها أو تعديلها، إلّا عندما يتأكّد تمامًا أنّها ليست كافيةً للتفسير الصحيح للأشياء والظواهر المرتبطة بها، كما أنّ العلم يتقبّلُ رفضَ ما يتوصّل إليه من معرفة ونقدها، ويتيح المجال للسعي لتصويب وإخضاع الأفكار والحقائق والنظريات الجديدة التي أتى بها ونقدها، وبهذه الخاصيّة يكون العلم مُجدِّدًا نفسه بنفسه، لذلك يستمرُّ في النموّ والتطوُّر.

3- العلم تراكميُّ البناء:

يؤدّي تدفُّق المعرفة العلميّة إلى الإضافات المستمرّة إليها، وبالتالي إلى التراكُم المعرفيّ الّذي يساعد العلماء والباحثين على إتاحة فرصة أكبر لهم في نشاطهم العلميّ وإجراء بحوثهم للظواهر والمشكلات، فيجدون ما يحتاجون إليه من مادة بحثيّة تغنيهم عن البدء فيها من نقطة الصفر. فالباحثون والعلماء ونتيجة لتدفُّق المعرفة، يتسنّى لهم البدء من حيثُ توقَّف مَن سبقهم من الباحثين، والاستفادة ممّا توصّل إليه من سبقهم من حقائق ونظريات ومعرفة علميّة، فيتطوّر العلم وينمو. وقد ساهم استخدام المنهج العلميّ في البحوث في ازدياد معدّلات سرعة التراكُم العلميّ وكميّته، وشكّل مؤخَّرًا خاصيّة عُرِفَت باسم "الانفجار المعرفيّ"، في شتّى مجالات العلم والمعرفة، وأدّى هذا التطوُّر إلى التأثيرات المتبادلة بينه وبين المجتمع بكلّ قضاياه.

4- العلم وثيق الصلة بالمجتمع؛ يؤثّر فيه ويتأثّر به:

لقد ارتبط العلم بمشكلاتِ المجتمع والتحدّيات الّتي تحيط بالإنسان في مجتمعه، مستعينًا بما يُتيحه له العلم من إمكانات لمواجهتها، وعن طريق استمرار الإنسان في محاولاته وملاحظاته اليوميّة استطاعَ التوصُّلَ إلى حقائق وأشياء، ساعده العلم على فهمها وتفسيرها، وتمكّن من القدرة على التعامل معها. وللعلم آثارٌ متعدّدةٌ ومتنوّعة ناتجةٌ من تطوّر الاكتشافات العلميّة والتكنولوجيّة في مختلف المجالات، فوجود العلاقة التبادليّة بين المجتمع والعلم يؤدّي إلى تطوّر كلٍّ من العلم والمجتمع. (المحمودي، محمد2019:9).

أهدافُ العلمِ ووظائفه

إن العلمَ كنشاطٍ إنسانيّ، يهدف إلى فهم الظواهر المختلفة من خلال إيجاد العلاقات والقوانين الّتي تقف وراءها ليتنبأ بحدوثها بالطرق المناسبة، ومن ثمَّ يقوم بضبطها والتحكُّم بها، وبذلك يتمثّلُ الهدف النهائيّ للعلم في إنتاج كمٍّ متراكمٍ من المعرفة لزيادة القدرة على تفسير الظواهر الكونيّةِ، ومن بينها الإنسانيّة. ومن الصعب الفصل في التوصيف بين أهداف العلم ووظيفته؛ فوظيفة العلم: هي نفسُها النتاج التلقائيُّ والفوريُّ للهدف الّذي يتبناه العالِمُ، وبذلك فإنّ الترابُطَ بين هدف العلَم ووظيفته يوجّهان معًا إلى عملياتٍ مثل؛ الفهم والتنبُّؤ والضبط والتحكُّم، وغيرها.

وفيما يلي نشيرُ إلى أهمّ هذه الأهداف والوظائف للعلم:

1- الوصف(Description): ويعني رصدُ وتسجيلُ ما يتمّ ملاحظته من الأشياء والوقائع والظواهر، وما يدور من العلاقات المتبادلة للظاهرة المرصودة، وما يتحكّم بوجودها من متغيراتٍ وأشكال العلاقات.

ويعبّرُ الوصف عن تقرير الظواهر القابلة للملاحظة، وبيان علاقاتها بعضها ببعض، وذلك من خلال جمع الحقائق للتوصُّل إلى صورة حقيقية عنها باستخدام الوسائل والتقنيات الّتي وصل إليها العلم مثل: الملاحظة والمقابلة والاستبيان والاختبارات... إلخ. ويمثّلُ الوصف خطوةً أساسيّة وضروريّة للتوصُّل إلى المعرفة العلمية.

2- الفهم (Understanding): وهو من الوظائف الأساسيّة للعلم، ومن أبرز أهدافه؛ ويعني جمع الوقائع، وصياغة المبادئ العامة والقوانين الّتي يمكن بها تفسير وفهم الظاهرة ومعرفة أسبابها وخصائصها، وصولًا إلى وضع المشاهد الّتي تساعده على التنبُّؤ بحدوثها، ومن ثَمّ ضبطها والتحكُّم بها.

3- التفسير (Explanation): يهدف العلمُ إلى تقديم تفسيراتٍ عن الظواهر والأسئلة المطروحة عنها، وجمع وتصنيف الحقائق والمبادئ الّتي يمكن من خلالها فهم السلوك أو الظاهرة المدروسة. وعندما يتساءل العالِمُ أو الباحث عن سبب حدوث ظاهرة ما، فهو بذلك يحاول الوصول إلى معرفة العوامل الّتي أدّت إلى حدوثها من أجل الوصول إلى تعميمات تساعد على تفسير الظاهرة، وبها يمكن التعميم.

4- التنبُّؤ (Prediction): يُعدُّ التنبُّؤ من أهمِّ أهداف العلم، ويعني به إمكانيّة تطبيق المبادئ أو القواعد أو القوانين في مواقف أخرى غير تلك الّتي نشأ فيها أصلًا. والتنبُّؤ بتطوّر الظواهر وقوانينها هو إحدى خواص العلم، إذ إنّ إدراك العوامل المؤثِّرة في حدوث ظاهرة ما يمكن من معرفة القوانين الّتي تحكم حركتها. وتقود توقّعات المعرفة العلميّة إلى تنبُّؤات دقيقة وفق الافتراض القائل "إنّه لو عُرفَ أنّ ص سبب س، وأنّ ص موجود، وعليه فإنّ حدوث س ممكنٌ وقائم".

5- الضبط والتحكُّم (Control): ويُقصَد بالضبط والتحكُّم إيجاد الظروف والشروط المحدّدة الّتي تتحقّق فيها ظاهرةٌ معيّنة للحصول على نفس الظاهرة، في الوقت الّذي نريد، والمكان الّذي نختاره، بالاعتقاد أنّ منعَ حدوث الظاهرة قد يتحقّق بغياب الظروف الّتي تحدث حولها. وبالضبط والتحكُّم يتمّ إخضاع موضوعات البحث للمنهج العلميّ والمشاهدات والتجارب وتطبيق الاستدلالات المنطقيّة عليها، كما تتمُّ أيضًا السيطرة على القوى الطبيعيّة وتسخيرها لخدمةِ الإنسان بعد معرفة القوانين المتحكِّمة فيها. (عبد المؤمن، علي23:2008).

6- أهميّة ثقافة العالِم أو الباحث في انتقائه للوقائع أو الظّواهر: ولكي يحقّقَ العلم أهدافه، ويؤدّي وظيفته على أكمل وجه، لا يكفي أن يكون العالِم شديدَ التّخصُّص في مجالٍ بعينه، بل لا بدَّ أن يكون ملمًّا بالثقافة العلميّة في جميع المجالات التخصُّصية، حتّى يختار من بينها ما يؤيّد فروضه أو يرفضها لظاهرة ما. وهذا يتطلَّبُ إلمام العالِم بثقافةٍ واسعةٍ لعلوم العصر، مدركًا لطبيعة علاقة كلّ علمٍ ببقيّة العلوم. فالطبيب مثلًا عليه ألّا يكتفي بتعمُّقه في دراسة علم البيولوجيا وحده، بل عليه أن يولي اهتمامه بالكيمياء، وعلم الطبيعة أيضًا.

فإنّ ما يميّز العلماء هي ثقافتهم العالية في مجالات عدّة، وقدرتهم الفائقة في الانتقاء المعرفيّ فيما بينها. وهو الأمر الّذي ينصح "كلود برنارد" به، حيث قال:

"من يُعد نفسه ليكون عالمًا، عليه أن يتزوّدَ من الثقافة الفلسفيّة والفنيّة، ذلك أنّ الفلاسفةَ (كما يرى برنارد)، يبحثون دائمًا في المسائل المختلف عليها... فيضفون على التفكير العلميّ حركةً تبعث فيه الحياة وتسمو به، كما أنّ العلم من جهةٍ أخرى لا يتعارض مع ملاحظات الفنِّ ومعطياته، بل إنّ الفنّان يجدُ في العلم أسسًا أرسخ، والعالِم يستقي من الفنِّ حدسًا أصدق"... ويطلعنا تاريخُ العلم على أنّ للواقعة أهميّتُها في العلم والمعرفة العلميّة؛ لاعتماد البحث العلميّ عليها، ولأنّها المادة الأساسيّة الّتي ينطلق منها الباحث، ولأنّها من الناحية المنهجيّة متى اندرجت تحت قانون عامٍّ أصبحت مثالًا جزئيًا عليه، وبالتالي تتوقّف أهميّة الواقعة عند فلاسفة العلم وعلماء المناهج بقدر ما تساعدنا على إثباتِ أو دحض قانون عامٍّ". (قاسم، محمد1999:28).

وبتطوُّر الزمن، تتضاءل أهميّة بعض الوقائع بالنسبة للبحث العلميّ، فتتوقّف لبعض الوقت أمام وقائعَ جديدةٍ تكون أكثر شموليّةً من سابقتها.

مثال على ذلك: جاليليو جاليلي (1564- 1646)، العالِم الإيطاليّ، ومن أهمّ روّاد الثورة العلميّة في القرن السابع عشر، وجّه في عام 1950 سهامَ النقد لنظرية أرسطو حول المادة الأرضيّة الّتي تقول: "إنّ المادة الأرضيّة تشكّلها أربعة عناصر (التراب، والهواء، والماء، والنار)، منها الثقيل ومنها الخفيف، وتختلف حركتها للأعلى وللأسفل تبعا لدرجة ثقلها أو خفّتها"، بينما يرى جاليليو بوجود مبدإٍ واحدٍ للحركة،

وأنَّ الثقل (أو الجاذبية) هي سبب جميع الحركات الأرضيّة الطبيعيّة، وأنّ الأجسام الثقيلة تتحرّك لتزيح أجزاء المادة الأخرى وتكون سببًا لارتفاعها.[2]

كذلك في قانون الجاذبية، جاءت واقعة سقوط الريشة وكتلة الرّصاص إلى الأرض بسرعةٍ واحدة، لتكتسب تأييدًا ذا أهميّة لما افترضه جاليليو في توضيح قانون الجاذبية، أو مظهرًا من مظاهرها، بينما سبقتها نظرياتٌ أخرى مخالفة لهذا القانون لعلماء آخرين وكذلك بعدها، أثارت جدلَ العلماء والباحثين. (قاسم، محمد1999:28).

وإن كان ذلك بالنسبة للعلوم الطبيعيّة فلا تشذُّ عنه بقيّة العلوم الأخرى، ومن ضمنها العلوم الإنسانيّة، ويمكننا القول بوجود علاقة متلازمة بين المعرفة والعلم كما يعتقد بعض العلماء أنّ معنى المعرفة والعلم مترادفان، وأنّ كليهما نقيض الجهل، بينما يرى آخرون أنّ المعنيين مختلفان. وإن اتّسمت هذه العلاقة بنوعٍ من الاختلافات، حيث تتميّز المعرفة بالاتّساع والشموليّة، فإنَّ العلم يتّسم بالانضباط والمحدودية، وهذا ما سنراه في مقارنةٍ بين المعرفة والعلم في النقاط التالية:

الفرقُ بين المعرفةِ والعلمِ:

- **المعرفة**: هي مجموعة المفاهيم والآراء والتصورات الفكرية الّتي تتكوّنُ لدى الفرد كنتيجةٍ لخبراته في فهم الظواهر والأشياء المحيطة به،

العلم: فهو أسلوبٌ لإنتاج المعرفة، والفرز بين الصح والخطأ.

- **المعرفة**: هي المعلومات الّتي تصل إلى الإنسان من دون تمحيص أو تدليل وبرهنة، بينما

---

[2] (موسوعة ستانفورد للفلسفة" جاليليو جاليلي: ترجمة محمد صديق أمون: موقع حكمة: من أجل اجتهاد ثقافي وفلسفي (www.hekmah.org).

العلم: هو ذلك الفرع من الدراسة الّذي يتعلّق بجسر مترابطٍ من الحقائق الثابتة المصنّفة، والّتي تحكمها قوانين عامّة، وتحتوي على طرق ومناهج موثوق بها لاكتشاف الحقائق الجديدة في نطاق هذه الدراسة.

- المعرفة: أوسع وأشمل من العلم الّذي هو جزءٌ منها، ذلك لأنّ المعرفةَ تتضمّن معارف علميّة وأخرى غير علميّة.

- المعرفة: ليست بالضّرورة دائمًا علميّة، وليست جميع أنواع المعارف على مستوىً واحدٍ، وإنّما تختلف باختلاف ما تتمتّع به من دقّة تُقاسُ بمدى ما وصلت إليه عن طريق أساليب التفكير وقواعد المنهج الّتي اتّبعت في تحقيقها. عن طريق قواعد المنهج العلميّ، واتّباع خطواته في التعرُّف على الظواهر، يمكن الوصول إلى المعرفة العلميّة. (المحمودي، محمد سرحان13:2019).

أهميّة "الاتّجاهات العلميّة" لدى الباحث:

تشكّلُ الاتّجاهات العلميّة للباحث أهميّة كبيرةً في مواجهته المشكلات المجتمعيّة في البحث العلمي، إلّا إنّه مهما بلغت المهارات الّتي يمتلكها الباحث من درجة متقدمة، لا يمكن أن تكون لهذه المهارات قيمة إلّا إذا استندت إلى قاعدة من الاتّجاهات العلميّة القويّة.

وتتحدّد هذه الاتّجاهات في النقاط التالية:

- ثقة الباحث بالعلم والبحث العلميّ:

يثق الباحث في العلم كعاملٍ مهمٍّ في اكتشاف المشكلات، وتنظيم الأولويات، وإيجاد الحلول المناسبة لها، وذلك اعتمادًا على استخدام البحث العلميّ، كما يثق

أنّ العلم هو الوسيلة للوصول إلى الحقائق في المجالات النظريّة، وأنّه سبب تحسين أساليب الحياة في المجالات العمليّة.

- الإيمان بقيمة التعلّم المستمرّ:

يؤمن الباحث بتنوُّعِ مشكلات الحياة، وأنّها ذات طبيعة معقّدة ودائمة التغيّر فيه، وهي بذلك تحتاج إلى الدّراسة والمتابعة المستمرّة، وبذلك تكون التفسيرات الّتي يتوصَّل إليها الباحث متوائمة مع التغيّرات والتطورات الّتي يشهدها المجتمع. أمّا إذا اعتقد الباحث أنّه على علمٍ بكلّ ما يتعلّق بالمشكلة واكتفى به، سيكتشف بعد مرور الزّمن أنّ معلوماتِه ناقصةٌ لا تفي بغرض الدراسة، فإنّ ما يتميّز به الباحث الناجح إذًا، هي رغبته الاستمرار في التعلُّم.

- انفتاح الأفق:

إيمان الباحث بوجوب التحرُّر من التزمُّتِ والتحيُّزِ والتعصُّبِ والأفكار المسبقة، من الاتّجاهات العلمية الّتي تعطي الباحث الحريّة التامّة في البحث والدّراسة واكتشاف الحقائق وعرضها بموضوعيّة، وإن جاءت مخالفةً لمعتقداته. والباحث العلميّ عندَما يتحقّق من أنّ ما توصّل إليه من وقائع وشواهد تخالف منطلقاته ومعتقداته، يكون لديه الاستعداد لتغييرها، لأنّ حبّه للحقيقة تدعوه إلى عدم التزمُّتِ عند حقائق معينة معرّضة للتغيير المستمرِّ.

- التخلّي عن الجدَل:

يبتعد الباحث العلميّ عن الجدل الّذي يعبّر عن التعصُّبِ والتحيُّزِ المسبق للفكرة، فبعكس المجادل الّذي يحاول فرض رأيه على الآخرين لتسليمهم بما يعتقد،

يعتمد الباحث العلميّ على البرهان والملاحظة والقياس، ويكونُ في حوارٍ دائمٍ مع الظاهرة للوصول إلى حلٍّ لها، دون أن يفرض حلًّا مسبقًا وفقًا لرغباته.

- تقبُّل الحقائق:

يتقبَّلُ الباحث العلميّ من دون تحيُّزٍ كلّ الحقائق المكتشفة، تلك الّتي يتوصَّلُ هو إليها أو ما يتوصَّلُ إليها الآخرون، ولا يقف موقفًا معاديًا منها مهما خالفت اعتقاداته، أو جاءت من منافسين له أو معارضيه. إنّ إقامة الباحث علاقات وديّة ومهنية مع الجميع مهما كان موقفه منهم، يُثري البحث العلميّ ولا يفسده.

- الأمانةُ والدقّة:

يتوخّى الباحث العلمي الأمانة في دراسته للظاهرة، ويكون دقيقًا في ملاحظته لها وفي وصفه، وأمينًا فيما يختاره منها، فلا يأخذ ما يروق له ويهمل ما لا يوافق هواه، بل يلاحظ ويسجّل ويعلن نتائجَهُ الّتي توصَّلَ إليها حقيقةً، لا كما يرغب فيها أن تكون. كما تقتضي الأمانة اعتراف الباحث إذا ما اعتمد على الحقائق الّتي اكتشفها الآخرون واستخدمها ونقلها عنهم، فعليه أن يشير إلى مصدرها دون أن ينسبها إلى نفسه.

- التأنّي والابتعاد عن التسرُّع والادِّعاء:

يتأنّى الباحث في إصدار أحكامه ولا يدّعي معرفة النتائج أو إجابات عن أسئلة قبل أن يثبت بالأدلّة والبراهين الكافية عليها. كما أنّ مهنيّة الباحث العلميّ تفرضُ عليه الإلمام بالمعرفة الكاملة عن الظاهرة الّتي يدرسها، وعلى الإجابات عن كلّ الأسئلة المتعلّقة بها، وألّا يكتفي بمعرفةٍ جزئيّةٍ أو دليلٍ فرديٍّ عليها، بل يلجأ للبحث

عن أدلّةٍ كافيةٍ تعطيه الثقةَ التامَّة، ويقوم بدراسة الأدلَّة غير المؤيدة قبل أن يصدر قراراته وأحكامه.

- الاعتقاد بقانون العلية:

مِن بديهيات الباحث العلميّ، الإيمان أنّ لكلِّ نتيجةٍ يتوصَّل إليها البحث لدراسة ظاهرة ما عواملٌ وأسبابٌ أدَّت إلى حدوثها؛ يتوجَّبُ فهمها عند دراستنا للمشكلة، وبذلك يبتعدُ عن التفسيرات الميتافيزيقية الغيبيّة. كذلك على الباحث العلميّ أن يؤمن بربط الظواهر بأسبابها المباشرة، ولا يعتمد على حدوث الصدفة في تفسيره لحدوث الظاهرة. (عبيدات، ذوقان وآخرون 1984:38).

دوافع إجراء البحوث والدِّراسات:

قد تتعدَّدُ الدّوافع لإجراء البحوث والدراسات، بدافع معيَّن أو عدَّة دوافع مجتمعة، وتتحقَّقُ الفائدة منها طبقا لأهميّة الهدف من دراستها، ومهارة الباحث ومثابرته لضمان نجاحها، وأهمّ الدوافع ما يلي:

ا- الرّغبة في إيجاد حلٍّ لمشكلة معيّنة في المجتمع.

ب- الرّغبة في الحصول على درجة علميّة أكاديمية (ماجستير/ دكتوراه).

ج- بحوث ودراسات تقوم بها جهات مؤسسيّة لما تقتضيه ظروفها والاحتياج إليها.

د- اختبار مصداقيّة بحوث ودراسات سابقة.

ه- الرّغبة في تحقيق المزيد من المعرفة والإنجاز العلميّ، والحرص على الوصول إلى حقائق جديدة في موضوع معين.

و- الرّغبة في ملء فراغ في الإنتاج الفكري.

(المحمودي، محمد سرحا 2019:18).

أنواع البحوث العلميّة

للبحوث العلميّةِ أنواعٌ كثيرةٌ ومتعدّدةٌ، يتمّ تصنيفها طبقًا لوظيفتها العمليّة والعلميّة، في هذا الفصل سنتناول ثلاثة تصنيفات، منها:

1. بحوث يتمُّ تصنيفُها بحسب طبيعتها، وهي: "بحوث أساسيّة نظريّة"، و"بحوث تطبيقية".

2. بحوثٌ يتمُّ تصنيفها حسب مناهجها، وهي: "بحوث وثائقيّة"، و"بحوث ميدانيّة".

3. بحوث يتمُّ تصنيفها بحسب جهات التنفيذ، وهي: "بحوث أكاديميّة" و"بحوث غير أكاديميّة".

وفيما يلي نشير إلى كلّ نوعٍ منها مع تقسيماتها الفرعيّة:

تصنيف البحوث العلمية بحسب طبيعتها

(أ) بحوث أساسيّة نظريّة. (ب) بحوث تطبيقيّة.

وتعرف كالتالي:

(أ) البحوث الأساسيّة (النظريّة):

البحوث الأساسية أو النظرية، ويُقصد بها تلك البحوث الّتي يتمُّ تنفيذها أساسًا من أجل الحصول على المعرفة، والّتي تهدف إلى إضافةٍ علميّة ومعرفيّة، وبدافع الوصول للحقيقة وتطوير المفاهيم النظريّة. ويشتقُّ هذا النوع من البحوث عادةً من المشكلات الفكريّة أو المشكلات المبدئيّة، وإن كان هذا النوع من التصنيفات ذات طبيعة نظريّة في المقام الأول، إلّا إنّها يمكن تطبيق نتائجها على مشكلات قائمة بالفعل. وبإمكان الباحث استخدام البحوث النظريّة كبحوث تطبيقيّة، كما يفعل كثير من الباحثين في بحوثهم التطبيقيّة لاختبار مدى مطابقتها للواقع، أو استخدامها في تحليل وتفسير الظاهرة موضع البحث. وكذلك الحال في البحوث النظريّة الّتي يمكنها الاستفادة من نتائج البحوث النظريّة في إيجاد حلول لمشكلات عمليّة. (عبد السلام، محمد 23:2020).

(ب) البحوث التطبيقيّة:

وتعرف البحوثُ التطبيقيّة أنّها ذلك النوع من الدراسات الّتي يتمُّ استخدامها بهدف تطبيق نتائجها لحلِّ المشكلات الحالية. والبحوث التطبيقيّة أكثر شيوعًا من البحوث النظريّة؛ وهي أكثر دقّة في تحديد أهدافها من البحوث النظريّة، الّتي غالبًا ما تستخدم لحلِّ مشكلةٍ من المشكلات العلميّة في شتّى فروع المعرفة، أو لاكتشاف معارف جديدة تُسخّر في خدمة قضايا يتناولها البحث العلميّ.

كذلك تقوم البحوث التطبيقيّة بالكشف عن الأسباب الّتي أدّت لحدوث المشكلة، مع تقديم الاقتراحات والتوصيات العمليّة لعلاجها أو التخفيف من حدّتها. وقد تتمُّ الاستفادة من البحوث التطبيقيّة إلى تحسين نوعية جديدة من الإنتاج في مجالات الزراعة أو الصناعة.

وهكذا نرى صعوبةَ الفصل بين البحوث التطبيقيّة والبحوث النظريّة، فكلا النوعين يكمل بعضه بعضًا، فالبحوث التطبيقيّة تستمدُّ فرضياتها من البحوث النظريّة، كما أنّ نتائج البحوث التطبيقيّة قد تتوافق مع ما يمكن أن تصل إليه البحوث النظرية من نتائج، ويتمّ توظيف الاستنتاج المعرفيّ من كلا المصدرين لتطبيقها متكاملة في دراسةِ مشكلة معينة وعلاجها، أو مواجهة موقف ما، إلى جانب أنّ التمييز بين البحوث التطبيقيّة العلميّة والبحوث الأساسيّة النظريّة يُعتبَر أمرًا صعبًا، خاصّة في الموضوعات الجديدة الّتي تحتاج إلى بناء حقائق ونظريات حولها. (عبد السلام، محمد2020:24).

تصنيفُ أنواعِ البحوث بحسب مناهجها

تصنَّفُ أنواعُ البحوث بحسب طبيعة المناهج الّتي تُستخدَم فيها، فيما إذا كانت بحوث وثائقيّة أو بحوث ميدانيّة، كالتالي:

(أ) البحوث الوثائقيّة:

البحوث الوثائقية تعتمدُ على المنهج التاريخيّ في دراسة الظاهرة، وتتبّع مراحل تطوّرها منذ نشأتها، وما تأثّرت به من عواملٍ، بهدف تفسير الظاهرة في سياقها التاريخيّ، وتعتمد على أدوات جمعِ المادة فيها على المصادر والوثائق المطبوعة وغير المطبوعة؛ كالكتب والدوريّات والنشرات والتقارير والوثائق الإدارية والتاريخيّة، كما تعتمد على المواد السمعيّة والبصريّة، وما شابه ذلك من مصادر المعلومات الّتي تمّ جمعها وتنظيمها. ومن البحوث الوثائقيّة أيضًا، تلك البحوثُ الّتي تتبع منهج تحليل المضمون.

(ب) البحوث الميدانيّة:

البحوث الميدانية هي ذلك النوع من البحوث الّذي يعتمدُ على المنهج الوصفيّ كأحد المناهج في تفسير الوضع القائم للظاهرة؛ من خلال تحديد ظروفها وأبعادها ونوع العلاقات الّتي تربط بينها، بهدف الوصول إلى وصفٍ علميٍّ ودقيق متكامل للظاهرة أو المشكلة، وذلك اعتمادًا على الحقائق المرتبطة بها.

وعادة ما يكون مصدر جمع المادة من مواقع المؤسّسات والوحدات الإداريّة والتجمُّعات البشريّة المعنيّة بالدراسة، ويعتمد هذا النوع من البحوث في جمع البيانات على الاستبيان والمقابلة والملاحظة المباشرة.

ومن أهمّ المناهج أيضًا الّتي يعتمد عليها هذا النوع من البحوث، هي كالتالي:

أ- البحوث الّتي تتبع المنهج الوصفي بالأسلوب المسحي.

ب- البحوث الّتي تتبع المنهج بأسلوب دراسة الحالة.

ج- البحوث التجريبيّة: وهي تلك الّتي تعتمد على المختبرات المعمليّة في مجالاتٍ متعدّدةٍ، ولأغراضٍ مختلفة، وتشمل العلوم التطبيقيّة؛ العلوم الصرفة، وبعض العلوم الإنسانيّة. ويحتاج هذا النوع من البحوث التجريبيّة إلى ثلاثة عناصر أساسيّة هي: المواد الأوليّة الّتي تجرى عليها التجارب، متطلّبات التجربة الآلية كالأجهزة والمعدّات، وأخيرًا العنصر البشري المتمثّل في الباحثين المختصّين ومساعديهم.

تصنيفُ أنواع البحوث طبقًا للجهات المسؤولة عن تنفيذها، وتتضمَّنُ البحوث الأكاديميّة، والبحوث غير الأكاديميّة، كالتّالي

(أ) البحوث الأُكاديميّة:

البحوث الأكاديميّة: هي تلك البحوث الّتي تجرى في الجامعات والمعاهد والمؤسّسات الأكاديميّة المختلفة، ويقوم بها الطلبة؛ وخاصّة طلبة الدّراسات العليا، وكذلك الأساتذة في تلك المؤسّسات الأكاديميّة.

ويمكنُ تصنيف هذه البحوث الأكاديميّة إلى عدّة مستويات:

1- البحوثُ الجامعيّة الأوليّة: وهذه لا يتعدّى مستواها التقارير، وعادةً يقوم بها طلبة المراحل الجامعيّة الأوّليّة (البكالوريوس)، كمتطلبات جامعيّةٍ، ومنها كتابة بحث التخرُّج.

وعادةً لا ينتظر من هذه البحوث أن تقدِّمَ دراسةً علميّةً تصل إلى نتائجَ مهمّةٍ، وإنّما يطلبُها الأساتذة من الطلّاب كنوعٍ من التدريب على البحوث، والتّحفيز على التحصيل العلميّ، وتطوير قدراتِه التحليليّة.

2- بحوث الدّراسات العليا: وهي متنوّعةٌ ومتدرِّجَة في المستوى، وتشمل جميع التخصُّصات، وفي جميع المراحل العلمية، منها: رسائل الدّبلومات العليا، ومنها الماجستير والدكتوراه.

3- بحوث يقوم بها أساتذةُ الجامعة الحاصلون على الدكتوراه ويرغبون في الالتحاق بالجامعة للتدريس الأكاديميّ، وتمنح هذه الدرجة الحاصل عليها لقب "أستاذ مساعد"، ويسعى الأستاذ المساعد إلى كتابة البحوث بهدفِ التقييم والترقيّة الأكاديمية، ويتمُّ عادةً نشرها في المؤتمرات والدّوريات المحكمة المحلية والعالمية. والبحوث الأكاديمية عمومًا هي أقرب ما تكون إلى البحوث الأساسيّة النظريّة منها إلى التطبيقيّة، ولكنّ يمكن الاستفادة منها مستقبلًا في تطبيق نتائجها، والاستفادة من توصياتها. (عبد السلام، محمد 28:2020).

(ب) البحوث غير الأكاديميّة:

البحوث غير الأكاديميّة: هي بحوثٌ غير متخصّصة، وتجرى لتقييم وتطوير المؤسّسات والدّوائر المختلفة، وحلِّ المشكلات والتحدّيات الّتي تعتريها، وهي بذلك أقربُ للبحوث التقريبيّة. (عبد السلام، محمد 2020:28).

هذه التّصنيفاتُ لم تكن الفريدةَ من نوعها في البحوث الاجتماعيّة، فهناك من البحوث والمناهج قد تمَّ تصنيفُها على أسسٍ مختلفةٍ ومعايير تحدّد طبيعة ونوع كلّ بحثٍ على حدة، قد يعود إلى الخبرة الذاتيّة والتخصُّصيَة لعلماء المناهج الّذي يتّفقُ عليه البعض فيما بينهم، ويختلف آخرون في كلّه أو بعضه. منها صُنِّفَ على أساسٍ كيفيّ وكمّي، ومنها البحوث الاستطلاعيّة،أو الاستكشافيّة (Exploratory) كما يطلق عليها أحيانًا، وهي تبحث عن سؤالٍ "كيف؟"، والّتي يبدأ بها الباحث لمعرفة الظروف المحيطة بالظاهرة، والّتي يقوم الباحث من خلالها على تحديد المشكلة بدقّة.

ومن البحوث أيضًا ما يُعرَف بالبحث التفسيريّ (Explanatory)، ويقصد بها تلك البحوث الّتي تهدفُ إلى البحث عن تفسير الظّواهر أو السلوكيّات الموجودة في المجتمع، فهي تلك البحوث الّتي تبحث في سؤال "لماذا؟".

ويمكن رصد غيرها من تصنيفات البحوث المتعدّدة. وأحيانا يختلط الأمر لدى الباحثين في المصطلحات واستخداماتها، مثل المنهج والتقنية أو جمع أدوات المادة والإجراءات وما شابه ذلك من المصطلحات والتقسيمات الّتي سنتعرض لها في بعض فصول هذا الكتاب.

وهكذا تقتضي المعرفة العلميّة تحديدَ وشرح معاني المصطلحات والمفاهيم والتعريفات، وغيرها من القضايا المنهجيّة، لكي يتسنّى للباحث إدراك الأمور على حقيقتها، وشرح فحواها من دون غموض أو التباس.

الفصل الثّاني
الإطارُ النّظريّ - المفاهيم - المصطلحات

يشكّل الإطار النظريّ كمجموعة متماسكةٍ من المفاهيم والعلاقات الّتي يتمُّ طرحها لدراسة الظواهر الاجتماعية، أهميّةً قصوى لإشكالية البحث؛ وذلك لأنّها تساعد الباحث في اتّخاذ خطٍّ معيّن يلتزم به لتحديد المفاهيم الّتي يتضمَّنَها البحث، وبناء النموذج التفسيريّ لموضوع الدّراسة، إضافةً إلى أن هذا الاختيار سيساهم في توضيح تساؤلات الدّراسة وأهدافها.

ويستندُ الباحث المتمرّس عند تبنّيه اختيارًا نظريًّا للبحثِ إلى جملةٍ من العوامل والمؤشّراتِ أهمّها؛ كيفيّة انطلاق الباحث عند بدء الدراسة، وتحديد أهدافها وما توصّل إليه من معلومات وبياناتٍ تمَّ جمعها تحضيرًا لصياغة إشكاليّة البحث، والأهمّ من كلّ ذلك تأثُّر الباحث بالجانب المعرفيّ انطلاقًا من تخصُّصه الأكاديميّ.

ولا يمكن تجاهُل العامل الذاتيّ للباحث في اختياراته النظريّة، وهو ما يُطلق عليه "المذهبيات"، ويُقصَدُ بها توجُّهات الباحث الأيديولوجيّة وانتماءاته الفكريّة، وذلك وفق الموضوعيّة أيضًا بدرجةٍ كبيرة، بمعنى أن يتعمدَ الباحث الاستناد على نظريّة تدعم التوجُّهات الّتي يؤمن بها. وهنا يتميّز البحث الاجتماعيّ بهامش من الحرية في إدخال الذاتيّة لدراسة الموضوع، بينما العلوم البحتة تفرض على الباحث الموضوعيّة التامّة والتقيُّد بقوانين العلم.

وكمثالٍ لهامش الحريّة الّتي يستطيع الباحث في العلوم الاجتماعيّة العملَ من خلاله وانتقاءَه بما يتوافق مع توجّهاته، يمكن المقارنة بين المدخل الوظيفيّ الّذي يرتبط "بالاتّجاه المحافظ"، والمدخل الماركسيّ الّذي يرتبط "بالاتّجاه الراديكاليّ".

إنّ استخدام الباحث نظريّة لها علاقة بمشكلة بحثه تساعده على دراسة الواقع ومعطياته بسهولةٍ أكبر، ومن هنا تعدّدتِ النظريات بتعدُّدِ فروع المعرفة. ولكلِّ علمٍ خصوصيّةٌ في التنظير تميّزه عن غيره، وإن كانت هناك بعض السمات المشتركة في التنظير بين العلوم الإنسانيّة. (تومي، حنان،2017:55).

وأحيانًا يفرضُ سؤالٌ نفسه: ما العلاقة بين النظريّة والفروض والمصطلحات؟ والجواب هو، إن كثيرًا من الفروض تكون اشتقاقًا من النّظريات، كذلك فإنَّ اختيارَ الباحث للمفاهيم ما هو إلّا انعكاسٌ لتأثُّرِ الباحث بنظريّةٍ ما.

وتشكّلُ مصطلحات البحث العلميِّ إحدى الرّكائز الأساسيّة الّتي لا غنىً عنها في توضيح الغموضِ للعبارات الّتي قد يتضمّنها البحثُ، وكلّ ما يمكن أن يصادف مساره وحيثياته، فهي تدعمُه وتقوّيه، وتساعد الباحثَ على وضع الإطار المرجعيّ له. لذلك لابدّ أن يحدِّدَ الباحثُ المعاني والمفاهيم الّتي تناسب أو تتّفق مع أهداف بحثه وإجراءاته، فيسهل بذلك عليه تحديدَ الخطوط العريضة للبحث العلميّ. وفيما يلي نُشيرُ إلى بعض المصطلحات المهمّةِ في البحوث العلمية، بدءًا بالنظريّة والفرض وخُطوات التوصُّلِ إلى التصوُّرِ النظريّ والمتغيرات، وبعد ذلك ننتقلُ إلى مناقشة كلِّ من المفهوم والمصطلح والتّعريف، واستعمالات كلّ منها، والفروق بينها.

أوّلًا: النّظريّة (Theory)

للنظريّة عمومًا أهميّة في البحث العلميّ؛ حيثُ لا يكاد يخلو بحثٌ في العلوم الاجتماعيّة من الاعتماد عليها، انطلاقًا منها أو وصولًا إليها. ويشتقُّ مصطلح النظريّة

في صورته الأجنبيّة من اللفظ اليوناني (Theoria)، وتعني "يدرك"، والمعنى المتداوَل لهذا المصطلح هو أنّها مجموعة من المعرفةِ العقليّة الخالصة المترابطة منهجيًّا ومنطقيًّا، وذلك في مقابل التصميمات التجريديّةِ، (معجم العلوم الاجتماعية، ص 604).

وتكوّن هذه المفاهيم والتعريفات والحقائق المترابطة للنظريّة رؤيةً منظّمةً للظواهر، نتيجة تحديدها للعلاقات بين المتغيّراتِ، بهدف تفسير الظواهر والتنبُّؤ بها.

وتشير عباش عائشة وآخَرون إلى تعريفات متعدّدة للنظريّة، نذكرُ منها ما يلي:

- إنّها "مجموعة قوانين يستخرج منها استنتاجات دقيقة غير متحيّزة، لها فاعليةٌ في تفسير وشرح سلوك وتفكير النّاس من واقعها الحقيقي".

- إنّها "مجموعةُ احتمالاتٍ تعكس بناءَ العقليّة البشريّة الّتي توضّحُ قدرةَ الإنسان على صياغة قوانين خاصة في التفاعُل الاجتماعيّ المبنيِّ على العاطفة والمبرَّر عقليًّا".

- إنّها "تملكُ ثنائيّةً تنحصرُ بين بنائها الهيكلي وواقع دراستها، وبذلك يتطلّبُ من النظريّة أن تكون وحداتٍ بنائيّةً دقيقةً ومتناسقة في نفس الوقت، تعكس جزئيات واقع الدراسة." (2019:11).

كما يمكن القول: إنّ النظريّةَ هي تلك المجموعةُ من القضايا الّتي تتوافرُ فيها الشروط التّالية:

أ- ينبغي أن تكونَ المفاهيمُ الّتي تعبّرُ عنها القضايا محدّدةً بدقّة.

ب- يجب أن تتسقَّ القضايا مع بعضها البعض.

ج- لا بدَّ أن تُصاغَ القضايا في شكلٍ يجعلُ من الممكنِ اشتقاق التعميماتِ اشتقاقًا استنباطيًّا.

د- ينبغي أن تكون هذه القضايا من النوع الخصبِ والمثمر الّذي يستكشفُ الطريقَ نحو ملاحظاتٍ أبعد مدىً، وتعميمات تطوّر في مجال المعرفة القائمة. (عباش وآخرون 11:2019).

ولا تختلفُ النظرية الاجتماعيّة في جوهرها عن هذا الإطار العامِّ، إلّا من حيثُ المجالات الّتي تتناولها؛ فهي كما يعرفُها "معجم العلوم الاجتماعيّة" (604:1977)؛ تعبّرُ عن كلّ عرضٍ يستخدمُ لغةَ التجريدِ لتفسيرِ مجال أوسع أو نسق من مجالاتِ الظواهر الاجتماعيّة، فقد ينحصر اهتمامها بالعرض التاريخيّ لوجهاتِ نظرٍ حول ظواهر اجتماعيّة، أو في اقتصارها على عرضِ اقتراحاتٍ محدّدةٍ تحديدًا واضحًا، مدعّمة بأسانيد تنطوي على وحدةٍ منطقيّة صارمة. ووفق هذا المنظور فقد احتوَت "مقدّمة ابن خلدون" على كثيرٍ من النظريّات الاجتماعيّة، والّتي جعلَت منه رائدًا من روّاد علم الاجتماع في العالَم، وتبلورت نظريّاتُه في ضوء معرفتِه العميقةِ الواسعة بأحوال المجتمعِ البشريّ والعمران الإنسانيّ، وجعلها أساسًا لكثير من محاولاته في تحليلِ الحياة الاجتماعيّة.

ومن أمثلة هذه النظريّات "تبدُّل الأحوال بتبدُّلِ الأعصار"، ونظريّة "العصبيّة" وأثرها في قيام الدول وبقائها، ونظريّة "المحاكاة" كأساسٍ للتماسُك الاجتماعيّ.

باختصارٍ، إنّ النظريّة هي وسيلةٌ معرفيّة تحدّدُ العلاقة بين المتغيّرات، ويستعين بها الباحثُ للوصول إلى فهمِ الظاهرة وتفسيرها والتنبُّؤ بما ستؤول إليه مستقبلًا.

ثانيًا: الفرض:

يعني الفرض في الفلسفة والعلوم الاجتماعيّة الفكرة أو الرأي الّذي يمكن من خلاله إيجادُ العلاقة بين ظاهرتين أو أكثر في ميدان البحوث. وقد تكونُ الفروضُ جزءًا من نظرياتٍ أو ما يُستنتج منها، كذلك يمكنُ أن تكون مصادرَ لاستقراءاتٍ

جديدة، ولكي تكون الفروض سليمةً يجب أن تُصاغَ بشكلٍ واضح يُيَسِّرُ الاستقراء منها.

والفرضُ نوعٌ من التعميم المبدئي، يُطرَحُ لاختبار صوابِه أو خطئه. ويفترضُ الباحثُ أنّ الفرضَ به قَدرٌ من الصحّة والصوابِ قابلٌ للتعميم. ويتكوّن الفرضُ من مفاهيم، ويعبّر عن أمرٍ أو شيءٍ يوجد في الواقع التجريبيّ، ويطلق على العملية الّتي يتحوّلُ بها جزءٌ من الواقع إلى مصطلحٍ لغويّ اسم: "عملية التجريد Abstraction"، وكلّما كانت المفاهيمُ أقربُ إلى الواقع التجريبيّ (الحسيّ)، أيّ الأقل تجريدًا، يصبح بناءُ الفرض العلميّ أكثرَ صعوبةً في الاختبار. (أبو النصر، محمد، 7-25 :2008).

وفرضيّة البحثِ كما يراها فوزي غرايبة وآخرون (22:1977)، هي "عبارة يقدم فيها الباحث تصوّرًا مبدئيًا تتضمّن تفسيرًا لمشكلة البحث، ويشير غرايبة إلى تعريف "فان دالين ديون" الّذي يرى أنّها "تفسير مؤقّتٌ أو محتملٌ يوضّح العوامل والأحداث والظروف الّتي يحاول الباحث أن يفهمها".

كما يضيفُ فوزي غرايبة وآخرون إنّ الفرضيّة تصاغ بأحد الشكلين التاليين:

أ- صيغة الإثبات، بمعنى أن تصاغ بشكل يثبت وجود علاقة (إيجابًا أو سلبًا)، مثلًا: توجد علاقة ذات دلالة بين إنجاز الطالب في مرحلة الدّراسة الثانوية وإنجازه في المرحلة الجامعيّة (وضعت بصيغة الإيجاب).

ب- صيغة النفي، لا توجد علاقة ذات دلالة بين إنجاز الطالب في المرحلة الثانوية، وإنجازه في المرحلة الجامعية (وضعت بصيغة النفي).

وللفرضيّة أهميةٌ في توضيح البحث وتوجيهه بشكل ثابتٍ وصحيحٍ، وتنظم عملية جمع البيانات، فيتجنّبُ الباحث تجميع البيانات بشكلٍ عشوائيٍّ، وبذلك فإنَّ الفرضيّة تعمل كإطار منظّم لعملية تحليل البيانات وتفسير النتائج (161:1977).

وللفرضيّة مصادر عدّة، منها: حدْس الباحث أو تخمينه، أو قد تكون نتيجة لتجارب أو ملاحظات شخصيّة، وقد تشتقُّ من نظريات علميّة، خاصّة عندما يُراد إعادة اختبار للنظريّة، أو أن تكون مبنيّة على أساس المنطق، أو قد تكون استوحاها الباحث من نتائج دراسات سابقة قام بها.

ويشير فوزي غرايبة إلى وصف (جابر عبدالحميد جابر) للفرضيّة أنّها: "الفرضية قد تخطر لذهن الباحث فجأةً، كما لو كانت إلهامًا، وقد تحدث بعد فترة من عدم النّشاط، تكون بمثابة تخلّص من تهيُّؤ عقليّ كان عائقًا دون التوصُّل إلى حلِّ المشكلة، ولكنَّ الحلَّ على وجه العموم يأتي مراجعةً منظّمةً للأدلّةِ في علاقاتها بالمشكلة، وبعد نظر مجدٍّ ومثابر"(23:1977).

أهميّة الفرض في البحوث الاجتماعيّة

مِن أجل الوصول للمعرفة العلميّة على أكمل وجهٍ، لا بدَّ من توظيف الفروض العلميّة في البحوث الاجتماعيّةِ، بطريقةٍ صحيحةٍ، بحيث يلتزمُ الباحث أثناء صياغتها بتوفُّرِ مجموعة خصائص وشروط، نشير إلى أهمِّها فيما يلي:

- أن يستند الفرض إلى أساسٍ عقليٍّ سليمٍ، كأن يكون مثلًا: مشتقًا من بحوث سابقةٍ، أو نظريات، أو حقائق، أو رؤية نابعة من واقعٍ حقيقي.

- أن ينتج من تحقُّقِ الفرض إضافةً معرفيّةً في مجال المعرفة العلميّة المتخصّصةِ، سواءً كانت نتيجتها بصحة الفرض أو خطئه.

- ألّا يتعارض الفرض مع واقع الحقائق العلميّة السائدة، بينما يمكن أن تخضعَ الحقائقُ المتناقضة للبحث للاختبار مرّة أو مرّاتٍ أخرى لإثبات خطئها أو صحتها.

- الالتزام بالاختصار في الصياغة بدقّةٍ ووضوح، وهذا من شأنه أن يحدّدَ العلاقة والفروق بين المتغيّرات.

- أن تكون المتغيّرات قابلةً للتحقُّقِ والاختبار، من حيث إمكانيّة التأييد أو الرفض الّتي تمَّ الوصول إليها من خلال جمع البيانات وتحليلها.

ويجب الأخذ في الاعتبار أنّه ليس في الإمكان اختبار فرضٍ يوحي أنّ "سلوكَ الطلاب الّذين لا يتعرضون لغواية الشيطان أفضل من سلوك الطلاب الّذين يتعرضون لهذه الغواية". ذلك لأنّه لا توجد لمثل هذا الفرض طريقة لجمع البيانات وتحليلها. ففي هذه الحالة لابدَّ من تحديد السلوك والمعايير المرتبطة بمفردات الفرض، من حيث ماذا يقصد بالأفضليّة؟ وماذا يقصد بالغواية؟ لذلك لكي يتحقّق هذا الفرض يجب تحديده على أُسسٍ علميّة قابلة للاختبار (السامرائي، طارق2014:59).

ومن الأهميّة بمكانٍ أن يتوخّى الباحثُ الدقّة في تحديده فرضيّة البحث، وأن يتمَّ التعرُّف على الفروق بين المفاهيم والمصطلحات والتعريفات، وتعريف كلّ منها بدقّةٍ.

من سمات البحث العلمي لدراسة الظواهر الاجتماعيّة الاعتماد على عددٍ من الخطوات للتوصُّلِ إلى تصوُّرٍ نظريٍّ يعتمده الباحثون كإطارٍ يوجّهُ المسار العمليّ للدراسات الاجتماعيّة. وفيما يلي بعض الإيضاحات المبسَّطة عن هذه الإجراءات:

1. القيام بالمشاهدات الحسيّة المتعدّدةِ للواقع الاجتماعيّ، والملاحظة العابرة للأشخاص أو للجماعات.

2. تؤدي هذه الملاحظات والمشاهدات الحسيّة، غير العلميّة والمتكرّرة، إلى ما يطلق عليه رأي مشترك (Common Sense)، ويُقصَدُ بها الاستنتاجات العامّة أو الأحكام البديهية الّتي يقبلُ بها النّاسُ دون التأكُّدِ من صدقها.

3. تقتضي الحاجة الإنسانيّة إلى المعرفة العلميّة انتقاء بعض هذه الأحكام أو الآراء العامّة (غير العلميّة)، ووضعها في ترتيبٍ منتظّمٍ مترابطٍ بعضها ببعض، كلٌّ في مجاله.

4. تأخذ هذه الاستنتاجات أو الأحكام العامّة شكلَ العلاقة بين متغيرات في صورتها الاحتماليّة (محتملة الوقوع لم يتأكّد من صحّتها بعد) ويطلق عليها (Hypotheses).

5. تختبر هذه الجمل الظنيّة (الفرضيّة)، إمّا بالتجربةِ العلمية أو بتأكيد ملاحظتها ملاحظة علميّة في الواقع العمليّ، وتكون بذلك قد خضعت لشروط المنهج العلميّ(Scientific Methods) .

6. باجتياز هذه الجمل الفرضيّة مرحلةَ الاختبار العلميّ، والتأكّد من صحتها عمليًّا، تصبح نتائجَ علميةً يمكن الوثوق بها إلى حدٍّ ما، حتّى يتحقَّقَ لها قدرٌ من التعميم (Generalization)، ويتمُّ ذلك عندما يتكرّر اختبارُها بتغير الأمكنة والأزمنة، وتثبت برغم هذه التفاوتات المكانية والزمانية.

7. وعند التحقُّقِ من نتائج هذه القراءات العلميّةِ، سواءً بإعادة التجريب، أو باضطراد الحدوث في الواقع الفعليّ المستندِ على الملاحظة العلميّة الدقيقةِ، يمكن أن تنتظمَ هذه العلاقاتُ في تصنيفاتٍ علميّةٍ (Scientific Classification)، وتأخذ شكل القانون (Law)، ويكون لهذه العلاقات المصنّفةِ صفتان أساسيتان، وهما: الثبات، والحتمية في الوقوع.

8. عندما تنظم مجموعة قوانين لموضوع ما بشكل عام، بعد اختزالها أو إيجاز منطوقها وتفرّدها وشمولها لكلّ ما يتعلق بالموضوع، يتكّون النّسق الترتيبي المطلق (System)، بمعنى طلاقة التفسير، وذلك من خلالِ تقديم الأسباب أو

العلل للأحداث الواقعة، متجاوزًا الزمان والمكان (تجريدي)، وهكذا يصبح هذا النسق نظريةً علميّةً (Scientific Theory).

9. كثيرًا ما يلجأ العلماء إلى التشكيك في نظريات اعتمدَ غيرهم عليها، أو دحضها من خلال اختبارها في بحوثٍ لاحقة، وهنا يصبح شرط استمرار العمل بالنظريةِ العلميّةِ أو الاعتماد عليها في مجال تفرّدها، هو تعاظُمُ قدرتها التفسيريّةِ للظواهر المرتبطة بهذا المجال، وصلاحيتها للتطبيق، وقدرتها على التنبُّؤ أو التوقُّع بمسار الظواهر، وما تسمح به من إمكانيات اختبار لها، وعدم ظهور نظريّة جديدة تثبت خطأ النظرية القائمة.

10. ويتم التحقق من صلاحية النظرية وقدرتها على التنبُّؤ بواسطة اشتقاق بعض القضايا الّتي تحتويها على هيئة فروضٍ يتمُّ اختبارها بخطواتٍ منهجيّةٍ علميةٍ. وتسمى هذه العملية "الاستنباط" (Deduction)، وتعني اشتقاق القضايا الجزئيّة من الكليّات، وهذه من الشروط الأساسية للنظريّةِ العلمية، وتسمى أيضًا نسقًا استنباطيًّا (Deductive System).

وإذا كان الاستنباط ينطلق من الكل (النظرية) إلى الجزء لإثبات النظرية أو الاستفادة منها، فإنَّ "الاستقراء" (Inductive) هو بالعكس، يبدأ بقضايا جزئيّة أو علاقة فرضيّة لتمرَّ بقواعد المنهج العلميّ، وتختبر لتصلَ في نهايتها إلى نظريّة. فكلا المفهومين، الاستنباط والاستقراء، ضروريان للنظرية العلميّةِ وللبحث العلميّ على السواء. وما هو معلوم أنَّ القوانين العلميّةِ في العلوم الاجتماعيّة ما زالت نسبيّةً، وهذا ما يجعلها لدى بعض المشتغلين بالعلوم الاجتماعيّةِ في موضع "الإطار التصوري" (Conceptual Framework) الّذي يتطلب مزيدًا من البحث والتقصي (أبو النصر، محمد 2008:23).

"المفهوم" (Concept)،
"المصطلح" (Term)
"التعريف" (Definition)

يعتبر كلّ من المفهوم والمصطلح والتعريف وارتباطاتها من القضايا المهمّةِ الّتي تتطلّب فهمًا عميقًا، لتوظيفها في الإطار النظريّ بطريقةٍ صحيحة، لذلك تأخذ حيزًا من اهتمامات الباحثين في شتّى صنوف المعرفة، وخاصّة في العلوم الإنسانيّة.

وقد توجد بعض الاختلافات لدى الباحثين حول مدلول دراساتهم لمفردات (المفهوم-المصطلح-التعريف) وتفسيرها، وفقًا للقراءات والآراء والمواقف الّتي يجتمع حول أيّ منها البعض ويختلف آخرون، وعندما تصلُ الاستنتاجات المعرفيّة إلى اتّفاقٍ شبه كامل حول المدروس منها، يصبح أساسا للتطبيق في مجالاتها التخصُّصيّة.

ومن الضروريّ أن نعلمَ أنّه يختلف كلٌّ من المفهوم والمصطلح والتعريف، الواحد عن الآخر، وإن وجدت بينها قواسم مشتركة، إلّا إنّه ليس كلُّ اشتراكٍ يعني وحدةَ المعنى، فكلّ واحدٍ منها له دلالته وماهيته، وأعرض لكلٍّ منها فيما يلي:

1- المفهوم (Concept)

ويعرف المفهوم لغويًا على أنّه مصدر الفهم، أيّ المعرفة بالشيء، أمّا علميًا: فيشير إلى الفكرة أو الصورة العقليّة الّتي تتكوّن في ذهن الإنسان نتيجةَ خبراتٍ متتابعة يمرُّ بها في مراحل حياته المختلفة، ومن خلال مؤسسات التنشئة الاجتماعيّة الرسميّة وغير الرسميّة، كالمنزل والمدرسة ومن خلال الصداقات.

والمفهوم هو الوسيلة الرمزيّةُ الّتي يستعينُ بها الإنسان للتعبير عن المعاني والأفكار المختلفة بغية توصيلها لغيره من الناس.

وهنا يبرز الاختلافُ في تعريفات المفهوم طبقًا للمنظور الخاصّ بكلِّ علمٍ. ويعطي عباش عائشة وآخرون مثالًا لاختلاف المنظورات المعرفية للمفهوم، فلدى المناطقة، "المفهوم يعني السمات والخصائص الجوهريّة الّتي تميز الأشياء أو الأحداث أو الأسماء عن بعضها، وترسم صورةً ذهنيّةً لمنطوق الشيء ذاته"، بينما في العلوم النفسيّة يعني المفهوم "مجموعة السمات أو الدّلالات الّتي تستدعيها القوى الإدراكيّة عند سماعِ منطوق كلمةٍ ما لتجميع صورةٍ ذهنيّةٍ لهذه الكلمة، لتمييزها عن غيرها من الأشياء (27:2019).

ويعرف هاني يحيى نصري المفهوم على أنّه "كلُّ فكرةٍ تدلُّ على الثوابت وراء الظواهر المتغيرة، أي هو كلُّ فكرةٍ قابلةٍ للتعميم، لذلك هو ركنٌ أساسيٌّ بكلِّ استقراء، والاستقراءُ هو أساسُ كلِّ معرفةٍ، وهدفُ كلِّ منطقٍ وعلم" (157:2004). وهكذا، تتعدّدُ المفهومات في أشكالها، فمنها ما يمكن إدراك مكوّناتها ووجودها بالحواس ويتمُّ التعوُّدِ عليها، فعلى سبيل المثال، الكتاب مفهوم حسيّ دالٍ، بمعنى أنّه لا يطلق إلّا على شيء لا يتصف إلّا بالصفات الّتي تدلُّ عليه، فلا يطلق المسمى على محسوس غيره، كأن يعنى القطار أو القلم مثلًا.

فالمفهومات بذلك متواضعات لفظيّة، أو تعريفات جرى الاتّفاق بين المتداولين للمحسوسات عليها والعمل بها، وليس بالضرورة أن تكون هناك علاقة بين مكوّنات اللّفظ أو المفهوم والشيء الّذى أطلق عليه.

إلّا إنَّ هناك نوعيّات أخرى لمعانٍ غير محسوسة، ولكنّها تدخلُ في لغة التعامُل الإنسانيّ، ويقوم عليها الفكر البشري، ومن أمثلتها: التعاون، الوطنية، السعادة، الانتماء، الخير...، فهي لا تقع في دائرة الحواس، ومن ثمَّ فدلالتُها قد تختلفُ من

مكانٍ لآخر، ومن زمن لغيره؛ لأنّنا قد نجد الصعوبةَ في تحديد المصطلح، وهكذا يصبح ليس من السهل التفكير فيه بدقّةٍ. وعندما يتحقّقُ قدرٌ من المعاني الدالّة للمصطلحات تسمى في هذه الحالة بالمفهومات التجريدية. وعلى ذلك يواجه الباحث في العلوم الاجتماعيّة مشكلةَ تحديد مفاهيمه الّتي يتناولها بدقّةٍ متناهيةٍ، ثم يحاولُ أن يحقّقَ حولها قدرًا كبيرًا من الاتّفاق (بأسانيد نظرية) أو (كميّة)، ويعنى ذلك محاولة إعطاء المفهوم الصفات الحسيّة الّتي تتعلّقُ به على وجه التقريب. (أبو النصر، محمد زكي2005:25).

وللمفاهيم أهميّة في التحليل والتنظير في كلّ العلوم وفي مختلف الأبحاث، ولأنَّ المفهوم أساسُ التفكير، فإنَّ لكلّ علمٍ أو مجالٍ مفاهيمه الخاصة الّتي تميّزه عن غيره من العلوم والمجالات. ويقوم أصحاب الاختصاصات والدراسات بوضع المفاهيم بالاعتماد على تحليل مجموعةٍ من الأسس والمعلومات حول موضوعٍ ما، من أجل المساهمة في توضيح العديد من المفاهيم المرتبطة به.

ويتّسمُ كلُّ مفهومٍ بمجموعةٍ من الصفات والخصائص الّتي تميزه عن غيره، وترتبط بموضوعات معيّنة ضمنَ مجال دراسيّ محدّدٍ، لذلك لكلّ موضوعٍ ما مجموعةٌ من المفاهيم الخاصّةِ به تعتمدُ على النتائج الّتي توصّلت إليها عدّة دراساتٍ حاليّة أو سابقة، أو من خلال الخبرة والمعلومات الّتي تتوافرُ عند الباحث بعد دراسته للمفاهيم دراسةً كافية.

ويظلُّ المفهوم ثابتًا لفترةٍ زمنيّةٍ طويلةٍ، ولا يمكن تغييره بسهولةٍ أو تعديله إلّا في حال ظهورِ استنتاجاتٍ ونظرياتٍ جديدة لم تكن معروفةً سابقًا.

2- المصطلح (Term)

المصطلح هو ذلك اللَّفظ المحدَّد بدقَّة، والَّذي يأتي في سياق البحث عن العلاقات بين المفاهيم العلميَّةِ والألفاظ اللَّغويَّة المعبِّرة عنها.

ولغويًّا هو مشتق من كلمة صلح، بمعنى يدلّ على إصلاح الشيء أي أنّه صالحٌ ونافعٌ. وقد تمَّ التعبير لفظيًّا عن الاصطلاح بعدَّة معانٍ، فقد قيل إنَّ الاصطلاح يعني: "اتّفاق طائفة على وضع لفظ إزاء المعنى"، وكذلك قيل إنَّهُ: "إخراج الشيء عن المعنى اللَّغويّ إلى معنى آخر لبيان المراد". وعرَّفه (الشاهد البوشيخي) على أنَّه: "عنوان المفهوم، والمفهوم أساس الرؤية، والرؤية نظَّارة الإبصار الَّتي تريك الأشياء كما هي".

أما فيلبر فيعرِّفُ المصطلح على أنَّه: "الرمزُ اللَّغويُّ لمفهوم واحد... فيه كثير من الدقَّةِ، وهو جوهر المصطلح الدالّ على اللفظ والمدلول والمعنى". أمّا الجرجاني فيعرِّفه أنَّهُ: "عبارة عن اتّفاق قومٍ على تسمية شيءٍ باسم ما بنقل موضعه الأوّل وإخراج اللَّفظ من معنى لغوي إلى آخر لمناسبة بينهما". (عائشة، عباش وآخرون 19:2019).

وهكذا فالمصطلح يعني إخراج الشيء من معناه اللُّغَويّ إلى معنًى مغاير، وذلك لبيان المراد، حيث يقال: "إنَّ مَن فهمَ المصطلحات فهمَ نصف العلمِ". وهو عبارة عن اتّفاقٍ لغويٍّ بناءً على صيغةٍ محدَّدةٍ يتمُّ بين مجموعة من الأفراد المتخصِّصين في علمٍ معين. ويعرف أيضًا أنّه الوصف اللَّغويّ الثابتُ لشيء ما، والَّذي يساهم في توضيح معناه، ويصبح مألوفًا بين مجموعة من الأشخاص في نفس مجال التخصُّص البحثيّ.

وتعدُّ المصطلحات من المفاهيم اللَّغويّة لكلِّ لغةٍ محكيّةٍ ومعروفةٍ بين الشعوب المختلفة، لذلك تساعد المصطلحات على توفير وصفٍ دقيقٍ ومناسبٍ لمجموعة من

المفاهيم المشتركة. (المنارة للاستشارات: www.manaraa.com تمَّ الحصول عليه بتاريخ10-24 :2018).

والّذي يجبُ ألّا يغيبَ عن بال الباحث هو أنَّ مفاهيمَ ومصطلحاتِ المفردات، سواءً تلك الّتي ترتبط بمشكلة البحث أو الّتي ترتبط بالفروض، يجبُ أن تكونَ محدَّدة وواضحةَ المعنى ودقيقة، وهنا تأتي أهميّة "التعريفات" (شيحي، سلمى، 2017:71).

3- التّعريف (Definition):

إذا ما علمنا أنَّ وظيفةَ المفاهيم هي التواصُل وتنظيمُ الخبراتِ وتعميمها وبناء النظرية، فعلينا أن ندركَ أنَّ ذلك يتطلَّبُ أن تكونَ المفاهيمُ واضحةً ودقيقة ومتَّفقًا عليها. فعندما تكونُ اللّغة اليوميّة غامضةً وغيرَ واضحةٍ وغيرَ دقيقةٍ، فإنَّ المفاهيم مثل "القوّة" و"البيروقراطيّة" و"الرّضا" تعني أشياء مختلفةً لأفرادٍ يختلفون في مداركهم وتخصُّصاتهم وفروع العلم الّتي استقوا منها المعرفة.

كذلك قد تُستخدَمُ المفاهيم في سياقاتٍ مختلفةٍ لتوحي بأشياء مغايرةٍ ومتنوّعة، ممّا يؤدّي إلى الغموض وعدم الدقّةِ، وبالتالي إلى صعوبة التقدُّم العلميّ. (فرانكفورت وناشمياز2004:41).

ومن هنا تأتي أهميّة استخدام التعريفات في البحوث العلميّة للتوضيح وعدم الالتباس في المعاني، فالتعريفُ هو المنهج المنطقيُّ، والّذي به يصل الباحث إلى معرفة ماهيّةِ الأشياء وما يميّزها، ويسعى من خلاله إلى صياغةِ مصطلحاتٍ جديدةٍ، وإثراء المنظومة اللفظيّة، لتسهيل المعاني وإزالة غموضها، فهو بذلك يمثِّلُ الشيءَ في الزمن من جهة مدلولاته المفردة والمركّبة. (عائشة، عباش وآخرون 2019:27)[3].

---

[3] "عائشة" كما يبدووضعه في المرجع المستخدم، اسم مذكر، وليس لدينا عِلم عمّا إذا كان "عباش" مذكرًا أو مؤنثًا.

ومن الناحية اللّغوية التعريف هو: "من علم الشيء أي عرفَه، حيث يُقال قد علم فلانٌ بالشيء بمعنى عرفه". أمّا المعنى الاصطلاحي للتعريف فيُقصَدُ به: "الإخبار عن أمرٍ ما تستوجبُ المعرفةُ به العلمَ بشيءٍ آخر، وهو تقديم المعلومات المتعلّقة بأمر معيّن وطرحها، مع الاهتمام بذكر الخصائص المختلفة الّتي تميّزه، بهدف تحديده ووصفه للآخرين. (عائشة، عباش وآخرون، 2019:31).

ونظرًا لتعدُّدِ واختلاف التصوُّراتِ للمفهوم الواحد لدى علماء الاجتماع، مثل مفهوم الأسرة، ومفهوم الدور الاجتماعي، ومفهوم الطبقة الاجتماعيّةِ، جاءت أهميّةُ تعريف مثل هذه المفاهيم بدقّةٍ ووضوح. وأدّى ذلك إلى محاولة علماء الاجتماع تأسيس منظومةٍ من المفاهيم الواضحةِ والدقيقةِ (تجريدات)، وذلك لتحديد سمات الموضوعات الّتي يدرسونها، ورغم ابتكار العديد من المفاهيم، وما أُدخِلَ عليها من تعديلاتٍ وإبعاد بعضها، إلّا إنّهُ ما زال الغموضُ وعدمُ الاتّساق يشوبُ الكثير من هذه المفاهيم.

ومع التطوّرِ العلميِّ ومن أجل تفادي مشكلة الغموض وعدم الدقّةِ، حدَّدَ الباحثون نوعين رئيسَين من التعاريف: مفاهيميّة، وإجرائيّة.

الأوّل- التعريف المفاهيميّ: (Conceptual Definition)

هو تعريفٌ تصوُّريّ يمثِّلُ صياغةً لفظيّةً للمعنى النظريّ للمصطلح يعبّر الباحث بها عن تصوّرِه، فهي تلك الّتي تصِفُ مفاهيم باستخدام مفاهيم أخرى. وإذا ما أخذنا مثالين لتعريف "القوّة" ولتعريف "الحرمان النسبيّ"، فسنجدُ أنَّ القوّة تعرَّفُ مفاهيميًّا على أنَّها:

"قدرة فاعل (فرد أو مجموعة أو حكومة) على جعلِ آخر أنَ يقوم بعمل ما، ما كان ليقوم به بطريقةٍ أخرى".

أمّا "الحرمان النسبيّ" فيعرَّف على أنَّهُ "إدراكُ فاعلٍ ما للتبايُن بينَ توقُّعاتِه وقِيَم إمكانياته".

في هذين المثالين نجد أنَّ كلًّا منهما عرف بمفاهيم أخرى هي نفسها في حاجة إلى تعريفٍ.

فإذا نظرنا مثلًا لتعريف "الحرمان النسبي"، كإدراكِ الفاعل للتبايُن بين "توقّعاتِه وقيمِ إمكانيّاته"، سنجد معضلةً أخرى تواجهُ المتلقّي الّذي ليست له درايةٌ بنظرية "الحرمان النسبيّ"، فقد يتساءل: ماهي القيّم؟ وما هي الإمكانيّة؟ وما هو الإدراك؟ وهذه المفاهيم كلّ منها تقتضي تعريفًا آخر. وإذا ما تمَّ تعريفُ "التوقّعاتِ" مثلًا، على أنّها "تجلّي المعايير السائدة من خلال البيئة الاقتصاديّة والاجتماعيّة والثقافيّة والسياسيّة المباشرة، فإنّ هذه المعايير نفسها أيضًا في حاجةٍ إلى توضيح لدى البعض، فالاجتماعيّ والاقتصاديّ والسياسيّ والثقافيّ وكذلك كلمة معايير، كلّها مفاهيمُ يجب تعريفها بمفاهيم أخرى، وهكذا.

وجديرٌ بالذكر أنَّ هناك بعضَ المفاهيم الّتي لا يمكن تعريفها بمفاهيم أخرى، وتعرفُ بـ"المصطلحات الأوّليّة" (Primitive Terms)، ومن أمثلتها الألوان والأصوات والروائح والتذوّق، وكلّها مصطلحات أوّليةٌ لا يكتنفها الغموض، يتناقلها العلماء والأشخاص العاديون، واتّفقوا على معانيها من خلال أمثلةٍ تجريبيّةٍ واضحة. (فرانكفورت وناشمياز، 42:2004).

وإلى جانبِ المصطلحات الأوّليةِ في التعريفات المفاهيميّة، توجدُ أيضًا مصطلحاتٌ مشتقّة (Derived Terms)، وهي تلك الّتي يمكن تعريفُها باستخدام مصطلحاتٍ أوّليةٍ عندما يتّفقُ عليها، مثل "فرد"، "تفاعُل" و"انتظام"، وهنا يمكن أن يعرف مفهوم "المجموعة" (مصطلح مشتق) على أنّهُ "تفاعُل فردين أو أكثر بانتظام".

على أيِّ حالٍ فإنَّ التعاريف المفاهيميّة ليست بالضرورة أن تكون دائمًا صحيحةً أو خاطئةً، فما هي إلّا رموزٌ تمكن من التواصل، وقد تكون مفيدةً للتواصُلِ، أو قد لا تكون كذلك. (فرانكفورت وناشمياز، 43:2004).

وفي مقابل التّعريف المفاهيميّ (Conceptual Definition)، يأتي التّعريفُ الإجرائيُّ (Operational Definition): الّذي عادةً ما يتكوّن بعدَ عرضٍ وتحليلٍ ونقدِ التعاريف المفاهيميّة، ليشيرَ إلى الواقع الفعليّ للمفهوم.

ويقوم الباحث بصياغة المفهوم الإجرائيّ استخلاصًا من المفاهيم التصورية، بغرض توضيح ما يعنيه المفهومُ في بحثِهِ، وكيفيّة استخدامه. (الأزهري، العقبي، 64:2004).

وقد تحدّثنا عن "القوّة" و"الحرمان النسبيّ"، وهي كلُّها تعبيراتٌ لخصائص غير ظاهرة، وكذلك عدم ظهور الخصائص السلوكيّة بالنسبة للإدراك والقيم والمواقف، وكلّها لا يمكنُ ملاحظتها مباشرة، وهنا يأتي دور التعريف الإجرائيّ ليملأ هذه الفجوة.

الثّاني- التعريف الإجرائيّ: (Operational Definition)

كثيرًا ما يتضمَّنُ البحث مجموعةً من المصطلحاتِ والمفاهيم ذاتِ المعاني المحدودة في ذهن الباحث، ولتوضيح هذه المعاني بدقّةٍ، يقوم بطريقة إجرائيّة يحدّد من خلالها بوضوح التفاصيل والمعالجات الّتي سيتّخذُها.

ويشكّلُ التعريفُ الإجرائيّ مجموعةَ العمليات الّتي تحدّدُ ما يجب أن يقوم به الباحث لإيجاد مفهومٍ تجريبيٍّ، يغطّي الفجوة بين المستوى الفكريّ (النظري)، والمستوى الإمبريقي (التجريبيِّ)، وفي ضوء ذلك يقوم الباحثُ بتحديد الخطوات

الأساسية الّتي تمكّنه من تعريف الظاهرة في حدود مدى خبرته. (الشيجي، سلمى، 72:2017؛ فرانكفورت وناشمياز 44:2004؛ السامرائي، طارق178:2014).

وطبقًا لرأي العالم الفيزيائي "بردجمان"، فإنَّ معنى أيّ مفهومٍ علميٍّ يجبُ أن يكونَ قابلًا للملاحظة، وأن يتمَّ تحديدُه بشكلٍ كلّيٍّ وحصري، وذلك بتعريفه إجرائيًّا. إلّا إنَّ ما يجب التركيزُ عليه هو الحرص على أن تحتوي المفاهيم كلا الجانبين، المستوى المفاهيمي والمستوى الإجرائي، بحيثُ يتمُّ التكامُل بين المستويين، وأن يدعمَ الجانبان بعضُهما البعض، وأن يُكمِلَ أحدُهما الآخر. (فرانكفورت وناشمياز، 45:2004).

فوظيفةُ التّعريف الإجرائيّ هي الإشارة إلى ما يكون عليه المفهوم في الواقع الفعليّ، وهنا يأتي دورُ الباحث في توخّي الحذر في استخدام المفهوم، والتأكُّد من كيف تمَّتْ صياغتُه، فقد توجد أحيانًا بعضُ الاختلافات في المفاهيم النظريّة نتيجةً لاختلاف صياغةِ المشكلةِ وتحديدها من باحثٍ لآخر، على الباحث في هذه الحالة أن يعرّفَ المفاهيم الّتي يستخدمها تعريفًا إجرائيًّا، مع الالتزام بالدقّةِ والوضوح، وبذلك يمكنُ تجنُّب الخلط في استخدام المفاهيم.

كذلك على الباحثِ أن يشرحَ كيفيّة استخدامِ المفهوم الإجرائيّ، وإلى أيّ درجةٍ سيستفيد منه، حيثُ إنَّ هذا المفهوم يعتبر من خصوصيّات الباحثِ، فمن الممكن ألّا تشير المفهوماتُ الّتي حصل عليها إلى المعنى الّذي يتصوَّره، ويتّفق مع طبيعة موضوع البحثِ الّذي يريدُ إنجازه. على العموم، وإن كانت من المسلّمات أنَّ المفهومَ الإجرائيّ لا يصحُّ إلّا للبحث الّذي سيتمُّ استخدامه فيه فقط، إلّا إنَّ ذلك ليس من الضروريّ أن يكون دائمًا كذلك، فهناك استثناءاتٌ لتبنّي مفهوم جاهز، وذلك عندما يوجدُ تطابق بين المفهوم الجاهز مع معطيات المشكلة الّتي يدرسها الباحث. (الأزهري، العقبي 64:2017).

ومن الأمور الأساسيّة في البحوث الاجتماعيّة، صعوبةُ عزلِ الظّواهر المدروسة عن سياقها العامّ والاكتفاء بدراسة الظاهرة بمفردها للفحص المباشر وتحليلها إلى مركّباتها الأساسيّة، بغرض فهمها وتفسيرها. وتكمُن صعوبةُ ذلك لطبيعة الظواهر الاجتماعيّة الّتي تتميّز بالتعقيد والتداخُل. من هذا المنطلق تأتي أهميّة استعانة الباحثِ بوسائطَ عديدةٍ لتذليل صعوبة التحليل والفهم، من هذه الوسائط؛ المفاهيم والمصطلحات والتعريفات، والّتي تسهِّلُ الانتقالَ المرن بالمشكلة المدروسة بين الواقع (الملموس)، والعقل (المجرّد)، وبذلك يمكنُ فهمُ الظاهرة وتفسيرها. (مصبح، لويزا 2018:83).

ولا شكَّ في أنَّ ما يدور في ذهن الباحث ممّا يتضمَّنه البحث من المصطلحات ذات المعاني المحدّدة، قد لا يفهمه الآخرون بطريقةٍ صحيحةٍ. وهنا يتوجّبُ على الباحث القيام بعملياتٍ إجرائيّةٍ يحدّدُ بوضوحٍ التفاصيلَ والإجراءات والمعالجات الّتي يقتضيها التعامُل مع متغيرٍ ما؛ مثال لذلك:

إنَّ "مصطلح التعزيز يمكن تعريفه إجرائيًّا من خلال إعطاء تفصيلاتٍ عن الكيفيّة الّتي سيتمُّ في ضوئها تقديم التعزيز أو عدم تقديمه للمشاركين في إجراءات التجربة عند قيامهم بسلوكيّاتٍ معيّنة، إذ يقرّرُ الباحثُ أن يمدحَ الطالبَ على سلوكٍ مرغوب قام به، أو تأنيبه على سلوكٍ غير مرغوبٍ به، أو تجاهُل السلوك، وكل هذه الإجراءات يجب أن توضّحَ بطريقةٍ تفصيليّة. (شيحي، سلمى 2017:76).

وننقلُ لكم عن سلمى شيحي بعض الأمثلة لتعريفاتٍ إجرائيّة اعتمدَت على خصائص ذاتيّة للفرد، تنقسم إلى ثلاث معطياتٍ:

أوّلًا: "<u>دلالة العمليات الّتي إذا أجريت تؤدّي إلى حدوث الحالة المعرفة للسّمة</u>":

مثال: 1- <u>الإحباط</u>: هو الحالة الناتجة عندما يكون هناك عائقٌ يحولَ دون الوصول إلى هدفٍ مرغوبٍ به.

مثال: 2- <u>الحاجة</u>: هي الحالة الناتجةُ عن شخصٍ من مادة (أو نشاط) تعمل على إشباع الحاجة.

مثال: 3- <u>الخوف</u>: هو الحالة الناتجة من تعريضِ الشخص لشيءٍ سبق أن صنَّفه مِن بين الأشياء الّتي يتجنَّبها.

ثانيًا: <u>بدلالة الكيفيّة الّتي تعمل فيها الظاهرة أو السمة المعرفيّة، أو الخصائص الديناميكيّة الّتي تتألّفُ منها</u>:

مثال: 1- <u>الذكي</u>: هو الشخصُ الّذي يحصل على درجاتٍ عاليةٍ في اختبارات الذّكاء المعروفة، أو هو ذلك الشخصُ الّذي يُظهِرُ قدرةً على حلِّ مسائلَ رمزيّةٍ منطقيّة.

ثالثًا: <u>بدلالة المظاهر الخارجيّة أو الخصائص الإستاتيكيّة للظاهرة أو السمة المعرفيّة</u>.

مثال: 1- <u>الشخص الذّكيّ</u>: هو الشخص الّذي تعبّرُ نتائج قياسه عن امتلاكه لذاكرةٍ قويّةٍ ومفرداتٍ لغويّةٍ كثيرةٍ، وأيّ خصائص أخرى يمكن إضافتها.

مثال: 2- <u>الميل المهنيّ</u>: استعدادٌ خاصٌّ لدى الشخص يجعلُه يختارُ أو يعبّرُ عن تفضيله لمهنةٍ أو أنواع معيّنةٍ من المهنِ من بين بدائلَ تُطرَحُ عليه. (80:2017).

بعد مناقشة كلّ هذه المفاهيم والمصطلحات نجدُ أنَّ هناك خيطًا يربط بينَها يجعلُ التّشابه كبيرًا، ممّا يجعلُ الباحثَ أحيانًا في وضع الالتباس والتشكّكِ، وهذا يتطلّبُ جهدًا كبيرًا من الاطّلاع للتحقُّقِ من دقّةِ المعاني والفروق بينها.

وفيما يلي نُلقي الضوءَ على بعض الفروق بين المفهوم والمصطلح، وذلك لاقترابِهما في المعنى والوظيفة، ويوضّحُ الجدول التالي أهمّ هذه الفروقات:

الفرقُ بين المفهومِ والمصطلح:

المصطلح	المفهوم	الفروقات
يركّزُ على المعاني اللفظيّة، ويحرص على توضيحها.	يركّز على الاستنتاجات الفكريّة، ثم الوصول إليها.	التركيز
يتّفقُ كافّة الأفراد على تعريف المصطلح، ويصبح من الأمور المعروفة والمتداولة ضمن المجال الخاصّ به.	ليس بالضّرورة أن يتّفقَ الباحثون في مجال معيّنٍ على مفهوم واحدٍ مرتبط به.	الاتّفاق
يتمُّ الاحتفاظ بالمصطلحات في مؤلّفات تعتبَرُ من المراجع اللغويّة المهمّة، ومن أمثلتها: "المعجم".[4]	يتمُّ الاحتفاظ بالمفاهيم في المؤلَّفاتِ الخاصّة بالأفراد الّذين عملوا على صياغتها.	التوثيق

ولأنَّ المفاهيم تجريداتٌ تمثّلُ ظواهر تجريبيّة، يأتي الانتقال من المستوى المفاهيميّ إلى المستوى التجريبيّ ضروريًّا، لكي تتحوّلَ المفاهيم إلى شكلٍ متغيّراتٍ في الفروض الّتي يتمُّ اختبارُها.

- ماذا يقصَدُ بالمتغيّرات؟

تتضمّن عمليّة البحثِ مجموعةً من المفاهيمِ التصوريّة، ومن هذه المفاهيم المتغيّرات الّتي هي عبارةٌ عن خاصيّةٍ تجريبيّة تأخذ قيمتين أو أكثر، فإذا كانت هذه الخاصيّة قابلةً للتغيّرِ كمًّا أو نوعًا يطلَقُ عليها المتغير. والمتغيّرات صفاتٌ أو خصائص الموضوع أو الظاهرة، ولها تصنيفاتٌ متعدّدة، وهي إحدى المكوّناتِ المهمّة

في تحديد الظاهرة. وفي الإحصاءِ هي تلك المتغيّراتُ الّتي تتغيّرُ بين قيمة وأخرى. (عبد المؤمن، علي معمر 111:2008).

والمتغيّر مصطلحٌ يدلُّ على صفةٍ محدّدةٍ تتناول عددًا من الحالات أو القيّم، أو يشير إلى مفهومٍ معيّن يتمُّ تعريفه إجرائيًا بدلالةٍ تتعلّقُ بالبحث، ويتمُّ قياسه كميًّا، أو وصفه كيفيًّا، والمتغيّرات الّتي يتمُّ ملاحظتها أو دراستها قد تكون صفاتٍ أو خصائصَ الموضوعِ أو الظاهرة الّتي يتناولُها الباحثُ. (عبد المؤمن، علي معمر 111:2008).

كما يعرّفُ المتغيّر أنّه "مفهومٌ تطبيقيٌّ له قيمتان أو أكثر"، وهي مفاهيم يتمُّ تطبيقها إمبريقيًّا، من أمثلتها "الطبقة الاجتماعيّة"، و"المشاركة السياسيّة"، والّتي يمكن التعامل معها كمتغيّراتٍ لترجيح عاملٍ على آخر للمشكلة، أو إثبات العوامل أو نفيها، على سبيل المثال، إذا نظرنا إلى مفهوم "الطبقة الاجتماعيّة"، فيمكن أن نجدَ له على الأقلّ خمس قيم؛ هي: منخفض/ الوسط المنخفض/ الوسط/ الوسط العالي/ العالي. وبالمثل يمكن النظر إلى مفهوم الدّخل، إنّ له ثلاث قيمٍ؛ هي: المنخفض/ المتوسط/ العالي، وبذلك يتسنّى للباحث، ليس فقط الكشف عن العوامل المسببةِ للمشكلة، وإنّما قوّتها أيضًا. كما أنّ هناك متغيّرات لها قيمتان فقط؛ كالجنس (ذكر/ أنثى)، فكثيرًا ما يكون للنوع البشري خاصيّة قد تحدّد درجة المشكلة. (بدر، أحمد 40:1994).

والمتغيراتُ عمومًا هي تلك الّتي تملك خاصيّةً تجريبيّةً قابلةً للتغيير كمًّا ونوعًا، والّتي غالبًا ما تُستخدَمُ لوصف بعض الأشياء القابلةِ للقياس. وتشتقُّ المتغيرات بواسطة انتقال المفاهيمِ من عالَمِ التجريد إلى عالَمِ الملاحظةِ القابلةِ للتجريب، وبذلك يصبحُ المتغيّر قابلًا للمشاهدة أو القياس. والمتغيّراتُ الّتي يمكن استخدامها لقياس الظاهرة أو مشاهدتها كثيرةٌ، منها مثلًا: "العنف الداخلي"، ويمكن أن يكون

متغيّرًا تمّت مشاهدته في المجتمع، ويترتّبُ على ذلك قياسُه وارتباطه بمتغيّرات أخرى كمسبباتٍ. من ذلك مثلًا: متغيّر "عدد القتلى"، ومتغيّر "أحداث الشغب"، ومتغيّر "الوعي السياسي"، فهذه كلّها متغيراتٌ، يمكن أن يكون كلُّ واحدٍ منها سببًا لحدوث الآخر، وهي كلّها مؤشراتٌ لخللٍ ما في المجتمع تتوجّبُ دراسته علميًّا.

وبذلك يمكن تعريفُ المتغيّر في البحث العلمي أنّه الشيءُ الّذي يقبل القياسَ الكميّ أو الكيفيّ، فكلُّ شيءٍ يقبل التغيير يعرف باسم المتغير، طبقًا للتعريف الإحصائيّ. فمن سمات المتغيراتِ سواءً كانت كَميّة أو كيفيّة، التأثير والتأثر، وعلى الباحث أن يقومَ بتحديدِ العلاقات بين المتغيّراتِ وضبطها، وذلك للوصول إلى النتائج الصحيحة في البحث العلميّ. (عائشة، عباش وآخرون 19:2019).

أنواعُ المتغيّرات (Variables)
وأهميّتُها في البحث العلمي

يميّز الباحثون على المستوى التحليليّ بين ثلاثة أنواعٍ من المتغيّرات، هي: المتغيرات المستقلّة، والمتغيّرات التابعة، ثمّ المتغيّرات الضابطة، وفيما يلي نعرض كلًّا منها:

أ- المتغيّرُ المستقلُّ (Independent Variable):

المتغيّرُ المستقلُّ: هو ذلك المتغيّر الّذي يؤثّرُ في بقيّةِ المتغيّراتِ ولا يتأثّرُ بأيِّ منها، والّذي له من الصفاتِ القابلة للقياس كميًّا أو كيفيًّا، ما يُمكّنه من التأثير على كافّةِ

المتغيّرات الأخرى المرتبطة بعلاقةٍ ما مع موضوعِ البحث الّذي يقومُ به الباحث. ويتمُّ التعاملُ مع المتغيّر المستقلِّ من خلال عدّة زوايا، أهمُّها ما يلي:

- وجودُ المتغيّر المستقلّ أو غيابه:

ففي المنهج التجريبيّ مثلًا، يقوم الباحثُ بإعداد مجموعتين من الأفراد، إحداهما تجريبيّة، والثانية ضابطة، وتتساوى المجموعتان في كلّ الخصائص، ماعدا خاصية واحدة، وتعتبر هذه الخاصيّة المتغيّر المستقلّ الّذي تخضعُ له المجموعة التجريبيّة، بينما المجموعة الضابطة لا تخضعُ لهذا المتغيّر. ويقوم الباحث بالمقارنة بين المجموعتين لمعرفة الفروق الّتي توجد بينهما، وفي حالةِ وجودِ فروقٍ بين المجموعتين، فإنّ السببَ يعود لغيابِ المتغيّر المستقلّ.

- الاختلاف بين عددٍ من المتغيّرات المستقلّة من حيث الدّرجة:

- في هذه الحالة تحدثُ الاختلافاتُ بين عدّةِ متغيّرات وكلِّها مستقلّة، من حيث قوّة التأثير على المشكلة، ويتمُّ ذلك من خلال تقديم عدد من المتغيرات المستقلةِ لعددٍ من المجموعات.

- الاختيار من بين المتغيّرات المستقلّة:

وهي الطريقة الّتي يقومُ الباحثُ من خلالها باستخدام أنواعٍ مختلفةٍ من المتغيّراتِ المستقلّةِ، كأن يقوم باستخدام طريقتين أو أكثر من طرق التدريس المعتادة، وذلك لمعرفةِ أيّ هذه الطرق أكثر إفادةً للتحصيل الدّراسي، ويمكنُ أن نلاحظَ هنا أنّه يدور حول الاختيار من بينِ متغيّر واحدٍ، هو المتغيّر المستقلّ. (عائشة، عباش، وآخرون، 20:2019).

ب- المتغيّر التّابع (Dependent Variable):

هو ذلك المتغيّر الّذي يحدثُ نتيجةً للمتغيّر المستقلّ وانعكاساته، بمعنى آخر المتغير المستقل يقصد به المسبّب للمشكلة، والمتغيّر التابع هو النتيجة لها. لذلك فإنّ المتغيّر التابع هو المتغيّر الّذي يرغبُ الباحثُ عادةً في شرحه كنتيجةٍ، بينما المتغيّرات المستقلة هي الّتي تفسّر الأسبابَ لتلك النتيجةِ، أي أنّ المتغيّر المستقلّ هو السببُ الافتراضيّ للمتغيّر التابع، والمتغيّر التابع هو الناتج المتوقّع من المتغيّر المستقل. (بدر، أحمد 41:2019).

وجديرٌ بالذكر، أنّ التتابعَ في المتغيرات المستقلّة والمتغيرات التابعة ليس بالضرورةِ أن تكون ثابتةً في كلّ دراسة.

بمعنى، يمكنُ أن يكونَ المتغيّرُ المستقلُّ في دراسةٍ معيّنةٍ هو نفسه متغيّر تابع في دراسة أخرى، ولكن لا بدَّ من وضوحِ كلٍّ منهما في الدّراسة، وبيان ترتيبهما الزمني. على سبيل المثال يمكنُ اعتبار "الحرمان النسبيّ" في مجتمعٍ معيّنٍ كمتغيرٍ مستقلٍّ، وأنّ العنفَ السياسيّ هو "المتغيّر التّابع"، ففي هذه الحالة فإنّ الفرضَ سيكون "الحرمان النسبي"، وفي دراسةٍ أخرى يمكنُ أن يكونَ التصنيف بالعكس، ويؤدّي إلى الفرض التالي "العنف السياسي يؤدّي إلى الحرمان النسبيّ".

وفي الظواهر الاجتماعيّة المعقّدة هناك متغيّران مستقلّان أو أكثر تتلازم وتفسر متغيرًا واحدًا تابعًا، كأن تكون "المشاركة السياسية" هي المتغيّر التّابع، أمّا المتغيّرات المستقلّة فتكون "المعلومات السياسيّة"، "الانتماء الحزبي"، "الاهتمام بالسياسة"، إلى آخره.

ج- المتغير الضّابطُ "الوسيط" (Intermediate):

تعرّفُ المتغيّرات الضابطة على أنّها ذلك النوع من المتغيّرات المهمّة، والّتي تلعبُ دورًا مكمّلًا في البحث العلمي وتؤثّرُ فيه، لكنّها ليست فاعلةً، فهي متغيراتٌ داخليّة تقوم بالوساطة بين المتغيّراتِ المستقلّة والمتغيّرات التّابعة، حيث يقومُ الباحثُ من خلالها برصد تلك العلاقات والتأكّد ممّا إذا كانَت علاقات عرضيّة أم حقيقيّة. (عائشة، عباش وآخرون، 27:2019).

فالعلاقةُ مثلًا بين عددِ رجال الإطفاء وحجم التدمير الّذي أحدثَه الحريقُ لا يمكن شرحُها إلّا بعاملٍ ثالثٍ هو (المتغيّر الضابط)، وهو حجم الحريق نفسه، ومثال آخر توضيحيّ عن المتغير الضّابط، يتمثّلُ في العلاقة الّتي نلاحظها بين "المشاركة السياسية" و"الإنفاق الحكوميّ".

فهل يتأثّر حجمُ الإنفاق الحكومي (متغيّر تابع) بمدى المشاركة السياسيّة (متغير مستقل)؟ أم أنّ هذه العلاقة لا يتمُّ تفسيرها إلّا بالمتغير الضابط؟ لقد اختير النموّ الاقتصاديّ كمتغيّر ضابط، وتبين أنّ مستوى النموّ الاقتصاديّ يؤثّرُ على كلِّ من الإنفاق الحكوميّ والمشاركة السياسيّة، ومن دونِ التّغير في مستوى النمو الاقتصادي فإنّ العلاقةَ بين المشاركةِ السياسيّة والإنفاق الحكوميّ تختفي. أي إنَّ المتغيّراتِ الضّابطةَ تخدمُ في اختبار العلاقة الّتي نلاحظها بين المتغيّرات المستقلّة والتابعة. (بدر، أحمد، 41:1994).

بعد الانتهاءِ من اختبار النظريّة وصياغة الفروض، وتحديد المفاهيم والمصطلحات وشرحها[5]، تأتي أهميّةُ مفاهيم أخرى تتعلّقُ بالمجال العمليّ، ويقصد بها الخطوات المنهجيّة الّتي يتّخذُها الباحث لتحقيقِ الهدف من الدّراسة، وكلّ ما

___

[5] وكلها تعدُّ مِن الخصائص المنهجية المهمّة في تصميم البحوث العلمية، وما يتطلَّبه مِن دقّة وموضوعية، والتي تميّزه عن غيره مِن ضروب المعرفة.

يرتبط بهذا المجال من تعريفاتٍ ومفاهيم. وهنا تقتضي الضّرورة أن يتمَّ الاتّفاق على التمييزِ بين معاني بعض المصطلحات والمفاهيم في هذا المجال أيضًا وشرحها، لتجنُّبِ الخلط بينها، وكشف الغموض إذا ما اعتراها، وبذلك يتّضحُ للباحث حقيقتها، وتمكّنه من الاستعمال السليم لها.

وتأتي هذه الخطوة قبل عرضِ التّطبيق العمليّ لدراسة الظواهر، والّذي سيكون مجالها الكتاب الثّاني من هذه السلسلة.

الفصلُ الثّالث
تعدّد مناهج البحث في العلوم الاجتماعيّة والإنسانيّة، وسماتها

رغم وجودِ شبهِ إجماعٍ بين علماء الاجتماع والعلوم الإنسانيّة بصفةٍ عامّة حولَ كثير من المناهج الّتي يتبعونها، إلّا إنَّ هذه العلوم ما زالت تفتقرُ إلى تصنيفٍ موحّدٍ يجمع بينها، ونقصدُ بذلك الافتقار إلى الاعتماد على أسسٍ يتّفقُ عليها جميعُ المتخصّصين في مناهج البحث، ممّا أدّى إلى اختلافهم في تصنيفها، وإدراج أيٍّ منها ضمن المناهج أو ضمن التقنيات، مستندًا كلّ منهم على تحليله الذاتيّ وخبرته العلمية.

ويشير موقع (certifind.com) الإلكتروني تحت عنوان: "تصنيف مناهج البحث" (بتاريخ 3 مارس 2019) إلى بعض الأمثلة على هذا الاختلاف بين المتخصصين في المنهجية، ومنها:

وضع فيل وي (1969) في أحد كتبه التصنيف التالي للمناهج:

"المسحي، التجريبيّ، الوثائقيّ، دراسة الحالة"، إلّا إنّهُ في كتاب آخر سمّاها تقنيّات البحث.

أمّا تصنيفُ ساكس، فقد اقتصرَ على تجريبي ووصفي، بينما قسّم الوصفي إلى خمسةِ أقسامٍ، وهي:

" دراسة الحالة، العيّنة، الدّراسات الارتباطيّة، الدّراسات التطويريّة، الدّراسات الحضاريّة".

وصنّفها دالي إلى:

تاريخي، تجريبي، وصفي، وقسّمَ الوصفي إلى:

"مسحي، العلاقات المتبادلة، التطويري".

وذكر آري (1972) تحت عنوان "مناهج البحث"، المناهج التّالية:

"المنهج التجريبي، المنهج السببي المقارن، المنهج التاريخي، المنهج الوصفي".

أمّا وجنر ومقراث (1963) فقد وضعا تحت عنوان "تقنيّات البحث"، التقنيّات التالية:

"التاريخي الوصفي، التحليلي، التجريبي، السببي، المقارن، الوثائقي، الإحصائي"، إلّا إنّهما يفرّقان بين المناهج والتقنيات، فيقولان: إنّ الوصفيَّ يمكن أن يكونَ منهجًا، ويمكن أن يكون تقنيّةً.

وهناك من أراد أن يتجنّبَ الاختلافات حول هذا المصطلح، واكتفى بإعطائه أوصافًا أخرى كأن يكون: "البحث التاريخي، البحث الوصفي، البحث التجريبي".

ولم يشذّ المتخصّصون العرب في اختلافاتهم لتصنيف مناهج البحث عن أقرانهم الغربيين، فمثلًا، عبد الرحمن بدوي (1977) يصنّفُ المناهج إلى:

"المنهج الاستدلالي، المنهج التجريبي، المنهج الاستردادي (التاريخي)".

أمّا أحمد بدر (1982) فصنّفَها إلى "البحث الوثائقيّ، المنهج التجريبي، منهج المسح، منهج دراسة الحالة". وصنّفَها عبد الباسط حسن (1982) إلى "المسح الاجتماعيّ، منهج دراسة الحالة، المنهج التاريخي، المنهج التجريبي".

وجديرٌ بالذكر أنّه يمكن أن يتمَّ استخدام أكثر من منهجٍ في الدّراسة الواحدة، وكذلك أكثر من أداةٍ لجمع البيانات، كما يمكن أن تستخدمَ في تحليل البيانات أكثر من طريقة في دراسةٍ واحدةٍ أيضًا.

وفي صفحات تاليةٍ سنتعرّضُ لمناقشة بعض المناهج البحثيّةِ في العلوم الاجتماعيّة والإنسانيّة، وأدوات جمع البيانات الخاصّة بها، وإلقاء الضوء على ما بها من فروق وفق تخصّصات كلٍّ منها، في تناولها دراسة الواقع الاجتماعي.

المنهجيّة (Methodology)
والمنهج (Methods)

هل مصطلحُ "المنهجيّة" مرادفٌ لمصطلح "المنهج"؟

رغم أنَّ البعضَ لا يفرّقُ بين معنى المصطلَحين (منهجيّة ومنهج)، إلّا إنَّ هناك من يرى عكس ذلك، وينظر للمصطلح الأوّل (منهجية) بأكثر شموليّة، حيثُ يأتي من ضمنِه المصطلح الثّاني (منهج)، فبالنسبة لهذا الرأيّ فإنَّ المنهجيّة عمليًا تحتوي على كلّ الأطر: التصوريّة والتجريبيّة والتفسيريّة. وأحيانًا يُنظَرُ إلى المنهجيّة أيضًا على أنّها "دراسةُ العلم" اشتقاقًا من المصطلح اللاتينيّ "method" ويقصد به طريق، وlogy ويقصد به العلم، وبهذا المعنى لا يقتصرُ مصطلح "المنهجيّة" على تخصُّصٍ واحدٍ، وإنّما يهتمُّ بدراسة كلّ التخصُّصاتِ العلميّة.

وكذلك هو الأمر بالنسبة لمصطلح "منهج"، فهو أيضًا يتعرَّضُ لكثيرٍ من الخلط والاختلافات بين الباحثين، ربّما يرجعُ ذلك لتأثّرهم بالتاريخ الطويل لاستخدامات هذا المصطلح، حيثُ تعدّدت معانيه واستخداماته لفترةٍ طويلةٍ من الزمن.

وقبلَ الغوص في متون الأدبيّات واستقصائها، نشير إلى الاستعمال الدّارج لهذين المصطلحين لدى الكثيرين من طلّاب العلم والباحثين:

فالتمييز بين مناهج البحث(Methodology)، وطرق البحث (Methods)، عندَما ينظر إليها بعيدًا عن تناقضاتِ الأدبيّات المتاحة، يجب مناقشتها كما نتداولها

عادةً في أبسط معانيها الدارجة، وذلكَ قبلَ البدء في عرض ما توصلنا إليه من أدبيات:

ماذا تعني المنهجيّة (Methodology)؟

كثيرًا ما يتمُّ استخدام مصطلح "المنهجيّة" باللّغة العربيّةِ كمرادفٍ لمصطلحِ "مناهج البحث"، وهو يقعُ ضمنَ المجال المعرفيِّ، ويضع التبريرات لاستخدام "أدوات جمع المادة"، أي طرق البحث (Methods) وتأطيرها، فيهتمُّ بوصفِ وتحليل الطرق المختلفة لتجميع المادة، وبيان مميزات وقصور كلّ طريقةٍ، وتبيان المناسب منها للغرض المطلوب، وكذلك كيفيّة التفسير.

ويجب أن يكون تفكيرُ الباحث عند اختياره لمناهج وطرق البحث، هو عدمُ الفصل بين الاثنين، ذلك أنّه من الأفضل أن يتمَّ النّظرَ إلى الاثنين بطريقةٍ مترابطةٍ، فلا يمكن البدء بالتفكير في أيِّ أدوات ستستخدم لجمع المادة، دون أن يكون تمَّ وفق نسقٍ معيّنٍ لمنهج البحث يحدّد طرق البحث الّتي يجب أن تستعمل انطلاقًا من الهدف المراد تحقيقه من الدراسة.

طرق البحث(Methods):

يمكن القول ببساطةٍ إنَّ طرق البحث غالبًا ما يقصد بها أدوات جمع المادّة، وهي خاصيّة بحثيّة مهمّةٌ تتعدّدُ أشكالُها ومجالاتها، منها ما هو كيفيّ مثل: المقابلة غير المقننة الّتي تعتمد على طرح الباحث سؤالًا أو أسئلة مفتوحةً بطريقةٍ مباشرةٍ أو عبر البريد أو الإنترنت والّتي يترك للمبحوث حريّة الإجابة عليها لتحليلها وتفسيرها فيما بعد. ومن أدوات البحث الكيفيّةِ أيضًا الملاحظة المباشرة، والّتي يقوم الباحثُ

من خلالها بدراسة المشكلةِ، ويقوم بتدوين ما يلاحظه وجمعها حتّى تكتملَ قبل القيام بتحليلها وتفسيرها.

وإلى جانب الأدوات الكيفيّة لجمع المادة توجد أدوات كميّة وتكون الأسئلة مقننة، أي أسئلة مقفلة تؤدّي نفسَ الغرض للباحث في جمع البيانات قبل التحليل والتفسير، وهناك أدواتٌ أخرى تجمعُ بين الأسئلة الكيفيّة والأسئلة الكميّة. وجدير بالذكر إنّهُ تحت مسمّى نفس هذه الأدوات يمكن أن يكون كلّ منها منهجًا للآخر، مثلًا يمكن أن تكون المقابلةُ أداةً لجمع المادة لمنهج الملاحظة بالمشاركة، والعكس أيضًا هو الصحيح.

وإذا ما تقصّينا مصطلحَي المنهجيّة والمنهج في الأدبيّات السابقة، نجدُ أنَّ هذين المصطلحين، وبمسميّات قد تختلف، قد ارتبطا بالكشف عن المعرفة، أي الوصول للحقيقة، بدأت فكرتها منذ قديم الزمان.

فقد جاءت فكرة المنهج (Method) بالمعنى الاصطلاحي المتعارف عليه اليوم ابتداء من القرن السابع عشر على يد فرانسيس بيكون (Francis Bacon) وكلود برنارد وغيرهما من العلماء الّذين اهتمّوا بالمنهج التجريبيّ والمنهج الاستدلالي[6]، ثمَّ أصبح معنى اصطلاح المنهج "الطريق المؤدي إلى الكشف عن الحقيقة في العلوم بواسطة طائفة من القواعد العامّة الّتي تهيمنُ على سير العقل وتحدّد عملياته حتّى يصل إلى نتيجةٍ معلومةٍ." (بدر، أحمد،34:1994).

ويشير محمد عبدالسلام (8:2020) إلى المنهج، أنّه "الطريقةُ أو الأسلوبُ أو الكيفيّة الّتي يصل بها الباحثُ أو العالِم إلى نتائجه، فهو وسيلةٌ محدّدة توصلُ إلى

---

[6] الاستدلال هو البرهان الذي يبدأ مِن قضايا يسلَّم بها، ويسير إلى قضايا أخرى تنتج عنها بالضرورة دون التجاء إلى الملاحظة، ثم الفرض وتحقيقه بواسطة التجربة، ثم الوصول إلى القوانين التي تكشف عن العلاقات بين الظواهر.

غايةٍ معيّنة"، استخدمها أفلاطون قديمًا بمعنى "البحث"، أو "المعرفة"، ثمَّ تطوّرت الكلمةُ بعد ذلك لدى أرسطو لتعني "طائفة من القواعد العامّةِ المصاغةِ من أجل الوصول إلى الحقيقةِ في العلم". وبعد ذلك اهتمَّ المناطقة بمسألة المنهجِ كجزءٍ من أجزاء "المنطق الأرسطي"، الذي يشتملُ على التصوّرات والحكم والبرهان، كذلك توصَّلَ كلّ من بيكون وديكارت إلى منهجٍ من أجل "البحث عن الحقيقة في العلوم"، ثمّ توالت الاهتماماتُ بالمنهج لتأخذَ منحيين: إمّا من أجل الكشف عن الحقيقةِ في حالةِ الجهل بها، أو البرهنة عليها للآخرين في حالة العلم بها.

ويشكّلُ "المنهجُ" (Methodology)، أهميّة كبيرةً في البحث العلميّ، ومهما كان موضوعُ البحث، فإنَّ قيمة النتائج تتوقّفُ على قيمة المناهج المستخدمة. ويعرف المنهج العلميّ لُغويًّا أنّه "الطريق أو المسلك." (عائشة، عباش وآخرون 2019).

واصطلاحًا، يعرّفُ محمد بدوي المنهجَ العلميَّ أنّه "مجموعةُ القواعد الّتي يستعملُها الباحثُ لتفسير ظاهرةٍ معيّنةٍ بهدفِ الوصول إلى الحقيقة العلميّة، أو أنّه الطريق المؤدّي إلى الكشف عن الحقيقة في العلوم بواسطة طائفةٍ من القواعد العامّةِ الّتي تهيمنُ على سير العقل، وتحدّد عملياته حتّى يصلَ إلى نتيجةٍ معلومة". وأنّه: "علمٌ يعتني بالبحث في أيسرِ الطُّرق للوصول إلى المعلومةِ مع توفير الجهد والوقت، ويفيدُ في ترتيب المادة المعرفيّة وتبويبها وفقَ أحكامٍ مضبوطةٍ لا يختلفُ عليها أهلُ الذكر".

بينما يعرّفُه عابد مصباح أنّه: "مجموعةُ الخطوات العلميّة الواضحةِ والدّقيقة الّتي يسلكُها الباحث... " (عائشة، عباش وآخرون 2019).

ويذهب علي معمر عبد المؤمن إلى أنّ "المنحى المنهجيّ (Methodology)، يعني الطريق أو الطُّرق الّتي توجّهُ البحثَ، وبهذا المعنى يشتمل على الأطر النظريّةِ والتجريبيّة والتفسيريّة، وهي العمليات الّتي توجّهُ البحث، وتحلّلُهُ وتفسّره. كذلك

يتمُّ تصنيف "علم المناهج" (Methods)، على أنّهُ الدّراسةُ المنطقيّةُ والمنظّمةُ، الّتي تنظِّمُ وتحدّدُ الأسسَ والمبادئ المتّبعة في الوصول إلى الحقائق، وموضوعه البحث في بناء العلوم بناءً نسقيًّا، أي بنظام (باستدلال واستقراء، بتفكيك وتوليف، بجمع ونقد)؛ وأسلوبه العمليات الإجرائيّة الملازمة للبحث العلمي في مختلف مراحله الفرضية،(الملاحظة التحقُّق، أو الاستنتاج). وقد يكون علمُ المناهج محدّدًا وخاصًّا بإطار علمٍ معيّن أو يكون عامًّا، أو قد يكون المقصود به ما استخدمه الباحثُ في بحثِه من خطوات وإجراءات. (13:2008).

ويعرّفُ عقيل حسين عقيل، المنهجَ أنّهُ "مجموعةٌ من القواعد العلميّة المنظّمةِ، بها يتمكّنُ الباحث من تفكيكِ وتركيب وربط المعلومات بموضوعيّةٍ، وبه تنسج الأفكار وتعرضُ التصوّرات المجسّدة لها في السلوك والفعل" (57:2010).

ويفهم من التفسيرات السابقة أنّ مصطلحَ "مناهج البحث" يشيرُ إلى المجال المعرفيّ الّذي يهتمُّ بوصفِ وتحليلِ الطُرق المختلفةِ لتجميع البيانات، ويبين مميزّات وقصور كلّ طريقة، ومناسبة كلّ منها لأغراضٍ معيّنةٍ. (كوجك، كوثر 83:2007).

بينما يشيرُ "مصطلح طرق البحث" إلى أدواتِ جمع المادّة (Methods)، أو الطُرق المنهجيّة للبحوث. ويستخدمُ المصطلح في المجالات العلميّة بوجهٍ عامٍّ للإشارة إلى وسيلة محدّدة توصلُ إلى غايةٍ معيّنة، فهو الخطّةُ المنظّمةُ الّتي تشملُ العديدَ من العملياتِ الحسيّةِ والذّهنيةِ للوصول إلى قاعدةٍ أو قانونٍ، أو البرهنة على صحّةِ فرضٍ أو خطئه. والطُرق المنهجيّة للبحوث العلميّةِ عديدة ومتنوعة بحسب موضوع الدّراسة، وتكون طريقةُ البحث موضوعيةً وصحيحةً كلّما تناسب استعمالها مع الموضوع المدروس. (جابر، وكفافي، 1992).

وطُرق البحث، متعدّدةٌ مثل: الاستبيان والملاحظة والمقابلات بكلّ أنواعها والمقاييس. (كوجك، كوثر 83:2007).

وبصورةٍ عامّةٍ، فالمنهجُ هو الطريقةُ المنظّمةُ في التعامُل مع الحقائقِ والمفاهيم أو التصوُّرات أو المعاني، وهو البرنامجُ الّذي يحدّدُ السبيل للوصولِ إلى الحقيقةِ في العلوم، وهو خطّةٌ منظّمةٌ لعدّةِ عمليّات ذهنيّةٍ أو حسّيةٍ بغية الوصولِ إلى الكشف عن الحقيقة والبرهنة عليها. (عبد المؤمن، علي معمر13:2008)، ويقومُ الباحثُ بعملية التحليلِ والتطبيقِ المنهجيّ أو المنظّمِ للإجراءات الّتي تستخدمُ في الدراسات العلميّة. ويجبُ أن يدركَ الباحثون أنَّ لكلِّ علمٍ أو مجالٍ من مجالات المعرفة مناهج تتسق مع منطقِ علمٍ بعينه أو مجالٍ من المجالات المعرفيّة. (جابر، وكفافي، 1992؛ سليمان، عبدالرحمن 160:2008).

فالمنهجُ ما هو إلّا نتاج ما يقرؤه الباحثون، أو ما يصلُ إلى أسماعهم، ليتكوّنَ في شكلِ مجموعةٍ من الأفكار، يتمُّ من خلالها تعلُّم كيفيّة البحث للوصول إلى المعرفة، تتضمّنُ تساؤلات (عقيل، حسين 57:2010)، من بينها ما يلي:

ا- كيف نتعلّمُ؟

ب- كيف نصوغ لما نبحث تساؤلاته؟

ج- كيف نتدبَّرُ؟

د- كيف ننظّمُ أفكارنا موضوعيًّا، وكيف ننظّمها بالمعلومات تجاه إنجاز الأهداف وبلوغ الغايات؟

هـ- كيف نتابع قضيةً علميةً ونتمكّنُ من تفكيك عناصرها وكشف خفاياها؟

و- كيف نركّبُ ما تمَّ تفكيكهُ على قواعد قابلة للقياس والتقييم والتقويم؟

ز- كيف نحلّلُ المتغيّرات (المحمولة في المعلومات البحثيّة)؟

ح- كيف نشخّصُ الحالةَ قيد البحث وفقًا للمعلومات الّتي تمَّ تحليلها؟

ط- كيف نتمكّنُ من بلوغ النتائج بموضوعيّة؟

ي- كيفَ نستنتجُ ممّا نكتب حلولًا ومعالجاتٍ؟

ك- كيف نفسّرُ النتائجَ؟

ل- كيف نكتبُ التقريرَ؟

م- كيف نطوّرُ ونتطوّرُ؟... إلخ.

واعتمادًا على كلّ ما ذكرنا أعلاه، يتلخَّصُ معنى منهجيّة البحث في العلوم الاجتماعيّة، في تلك الإجراءات الّتي يقوم بها الباحث بهدف اكتشاف الأسس والمبادئ الّتي تؤدّي إلى حدوث ظواهر اجتماعيّة وإنسانيّة وتفسيرها وتحديد نتائجها للوصول إلى علاجها.

إذًا هي الطريقةُ المحكمةُ، الّتي يتّخذُها الباحث لتحقيق هدف دراسته الّتي تمَّ إدراجها في خطّةِ البحث مسبقًا، كذلك فقد ارتبطت عبارةُ منهجيّة البحث بتلك النّشاطات البحثيّة وشرح الخطوات والإجراءات الّتي يجبُ اتّباعها ونوع المقاييس الّتي ستستخدم، وكلّ ما من شأنهِ الوصول إلى أفضلِ النتائج، وارتكازًا على هذه الأسس فإنّ المنهجيّةَ يمكن أن تكونَ إحدى الأسس التالية أو معظمها:

- الخطوات والسياقات المنظّمة لوسائل وطرق يتمُّ اعتمادها في إطار موضوع ما.

- تحليل الاتّجاهات والقواعد والطُّرق الّتي تمَّ اعتمادها.

- الإجراءات الموثّقة في إدارة مشاريع تشتملُ على تفسيراتٍ لخطواتٍ منظّمةٍ تمَّ استخدامها في جمع وتحليل وتفسير وعرض النتائج.

- الخطوات المنظّمة الّتي يقوم بها الباحث لتحقيق هدف دراسته.

وهكذا يمكن القول: إنَّ المنهج (Methods) جزءٌ من كلٍّ يعالج أمورًا محدودةً في البحث؛ كاختيار النظريّة الّتي توجّه البحث، وأدوات جمع المادّة، أمّا المنهجيّة (Methodology)، فهي تلك الخطوات الشاملة الّتي تتعلّقُ بالبحث العلميّ من بدايته وحتى الانتهاء من كتابته. (قنديلجي، عامر 2012:11).

وكثيرًا ما يدور سؤالٌ في عقل الباحث: بماذا يجب عليه أن يبدأ أوّلا، التفكير في اختيار أدوات جمع المادة، أو المنهج، وكلاهما معًا يشكّلان المنهجيّة كما نستخلصها من الأدبيات الّتي تمَّ عرضها في هذا الكتاب؟!

والحقيقة، لا يمكن أن تتحقّقَ الدّقة العلميّة إلّا إذا تمَّ أوّلًا اختيارُ المنهج، ووفقه يتمُّ اختيار أدوات جمع المادة.

السِّماتُ العامَّةُ لتصميم البحثِ الاجتماعيّ:

مهما يكن نوع البحث الذي تريدُ القيام به، فيجبُ عليك كباحثٍ أن تحرصَ بقدر الإمكان على أن يكونَ التصميم سليمًا، فتصميمُ البحثِ عمومًا ما هو إلّا خطّة محدَّدة لدراسة مشكلةِ البحث، وغالبًا ما يتضمَّنُ عدّة عناصر نذكرها فيما يلي:

1. **<u>منظور البحث</u>**: ويقصدُ به بيان ما إذا كان البحث كميًّا أم كيفيّة أم مختلطًا (يجمع بين النوعين).

2. **<u>نوع البحث الأساسي ونوعه الفرعي</u>**: ويقصدُ به تحديد النوع الأساسي والنوع الفرعي. على سبيل المثال، لا يكفي الإشارة إلى أنّك ستطبق منهج دراسة الحالة (Case Study) كمنهج أساسي في دراستك، وإنّما عليك أيضًا تحديد النوع الفرعي الّذي ستستخدمه بجانبها، كمنهج "الإثنوغرافيا" مثلًا.

3. **<u>سياق الدّراسة</u>**: لا بدَّ من الإشارة إلى الإطار المكانيّ والزمني للدّراسة.

4. **<u>مجتمع الدراسة</u>**: ويعني ذلك تحديد الأفراد الّذين ستتناولهم الدراسة، كأن نقول مثلًا، ستركزُ الدراسة على خمسة مدرّسين في قسم اللغة الإنجليزيّة الّذين وافقوا على أن يكونوا موضوع الدراسة.

5. <u>الأساليب والأدوات المستخدمة في جمع البيانات</u>: هي تلك الّتي تتطلَّبُ كيفيّة جمع البيانات، وعمّا إذا كان ذلك سيكون عن طريق المستندات أو فحص الأرشيف أو المقابلات أو الاختبار أو الملاحظات أو الاستطلاعات. كما يجب الإشارة إلى أيِّ تعليمات، إن وجدت، وسيتم استخدامها:

كأن نقول: "سيتمُّ جمع البيانات من خلال الملاحظات والمقابلات. "سيقوم الباحثون بعمل ملاحظاتٍ أسبوعيّةٍ لجميع المعلمين، وإجراء مقابلات معهم في مجموعات التركيز".

6. <u>تحليل البيانات</u>: وهي العمليةُ الّتي يتمُّ فيها شرح كيفيّة تنظيم وتحليل وعرض البيانات الّتي قامَ الباحثُ بجمعها، ولا تختلف أهميّة ذلك كون الدراسة كَميّة أو كيفيّة (Glatthorn, A 1998:71).

للقيام بدراسة علميّة في البحوث الاجتماعيّةِ، على الباحث أن يقومَ بتحديد نوع المنهج الّذي سيوجِّهُ مسارَ بحثه وفقًا لتخصّصهِ، وانطلاقًا منه يتحدّد الإطار العامّ والطريقة الّتي سيستخدمُها لمعالجة موضوع البحث، مثلًا، هل ستكون الدّراسة وصفيّة، كالمسح الاجتماعي؟ أم ستجري دراسة تجارب على الأشخاص موضوع البحث؟ أم سيقوم بدراسة حالات محدودةٍ وبتعمُّقٍ؟ وأيّ من هذه المناهج سيتمُّ استخدامها كإطار نظريّ أو أداةٍ لجمع المادة؟ علمًا، أنَّ معظمَ هذه الأطر النظريّة لا تختصُّ بعلمٍ بذاته من العلوم الإنسانيّة، وإنّما تشتركُ في استخداماتها كثيرٌ من هذه العلوم، وهنا يستحقُّ التنويه باختصارٍ عن تعدّدها وتخصُّصاتها العامَّةِ أو الضيقة إن وجدت.

أنواع المناهج العلميّةِ طبقًا للتخصُّصات:

تتشعَّبُ أهداف العلوم الإنسانيّة، كعلم الاجتماع وعلم النفس وعلم السياسة وعلم الاقتصاد وعلم التاريخ، وغيرها، إلّا إنّها جميعها تهدف لإنتاج المعرفة الضروريّةِ لمشكلةِ البحث لكلِّ علمٍ من هذه العلوم، الّذي لا بدَّ أن يعتمدَ على منهجيّةٍ متكاملةٍ لدراسة ظواهر ماديةٍ محسوسةٍ غير منحازة إلى أيِّ اتّجاه أو أيديولوجيّة معينة. وفي ماعدا هذه الميزة العامَّةِ في مناهج العلوم الإنسانيّة، فإنَّ هناك من الخصوصيات المنهجيّة الّتي تميّزُ بين المناهج في هذه العلوم بعضها عن بعض، وذلك طبقًا لمشكلة البحث في نفس الفرع، فلكلِّ مشكلةٍ من مشكلات البحث منهجٌ مناسبٌ يجدرُ بالباحث أن يختارَهُ بعنايةٍ ليتناسبَ مع طبيعة الظاهرة المدروسة وهدفها. وفيما يلي نتناولُ باختصارٍ الجانب النظريّ لبعض هذه المناهج المتخصّصة:

المنهج الوصفيّ:

يستمدُّ "المنهج الوصفي" اسمه من الدور الّذي يؤدّيه للحصول على المعرفة، فهو يهتمُّ بوصف الظاهرة من خلال الإجابة على تساؤلاتٍ علميّةٍ أساسها، "ماذا"؟ وينصبُّ اهتمامه الأساسيُّ على الوحدات أو العلاقات أو الأنساق المتواجدة فعليًّا. كما يهتمُّ بكيفيّةِ عمل الظاهرة، وهو تقريري في جوهره، وتعتمد عليه كلّ العلوم الاجتماعيّة والإنسانيّة.

فالمنهج الوصفيُّ بذلك يعتبرُ أكثر المناهج شيوعًا، ويعتمد على الاستبيان والمقابلة كأداتين رئيستَين لجمع البيانات، ويقوم الباحثُ بوصف الظاهرة الّتي

يدرسها في حالتها الآنية، فيجمع البياناتِ والحقائق ويصنِّفُها، ثم تتمُّ معالجتها وتحليلها تحليلًا دقيقًا يصلُ من خلالها إلى نتائج وتعميمات.

المنهج التاريخيّ:

يهتمُّ المنهج التاريخيُّ بالمعلومات التاريخيّة والوثائق والسجلّات كمصادرَ أساسيةٍ للمادة الّتي يدرسها، سواءً كانت في المجال الاجتماعيّ أو السياسيّ أو الاقتصادي، وهنا يختلفُ استخدام هذا المنهج في هذه العلوم عن استخدامه في دراسة التاريخ. ففي دراسته لعلمِ التاريخ يهتمُّ الباحث بالمتابعة الزمنيّةِ للوقائع فقط، بينما يستخدم المنهج التاريخيّ في العلوم الأخرى هذه الوقائع للاستدلال بتفسير أيّ ظاهرةٍ من الظواهر المراد دراستها، فالتتبُّع التاريخيّ هنا للظاهرة يستخدم كتجارب يمكن الاستعانة بها في مجال الدراسات الاجتماعيّةِ أو السياسيّة أو الاقتصاديّة.

أساسيّات المنهج التاريخي:

1. إدخال عامل الزمن في جميع مقوّمات التحليل، حيث يهتمُّ هذا المنهج بتتبُّع الظاهرة المدروسة في مرحلةٍ محددةٍ لملاحظة التغيُّرات الّتي تطرأُ عليها، ويسعى في نفسِ الوقت لوضع الخطوط العامّة لتطوّرِها ومستقبلها.

2. المنهج التاريخيُّ لا يوافق على التجربة، ويلغي الحواجز بين الأفكار والنظّم والحياة السياسيّة، ويركّزُ على دراسة الوقائع.

3. يعتمد المنهج التاريخيُّ على المقارنة المنهجيّةِ لملاحظة أوجه الشبه والاختلاف، ويسعى للتقريب بين الظواهر السياسيّة أو الاجتماعيّة، إيمانًا بوحدة

عناصر التطوُّرِ. ويهدف هذا المنهجُ في الأساس إلى محاولةِ الكشف عن العلاقة السببيّة بين أحداثِ الظواهر وعرضِها عرضًا يساعدُ في إدراكِ وكشف مقوّماتها ودمجِها الحضاريّ الشامل. ويظهرُ هذا المنهج في دراساتِ ابن خلدون، ومونتسكيو، وسان سيمون، وكارل ماركس، وغيرهم.

المنهج المقارن:

ازدادَ اعتمادُ معظم الدّراسات الحديثة مؤخّرًا على المنهج المقارن، وذلك لأهميّته لتقييم النظريات، والتأكُّدِ من إمكانيّة صلاحيتها لكلِّ زمانٍ ومكانٍ، فلهذا المنهج المقدرة على استيعاب المؤثّراتِ الخاصّةِ بكلِّ بلدٍ معينٍ، ويتجنّبُ بذلك تأثُّر النتائج الّتي يتوصّلُ إليها الباحث. ويعتمد الباحثُ في المنهج المقارن عادةً على البدء بدراسة مرحلةٍ وصفيةٍ تحليليّةٍ لعدّةِ ظواهر المراد دراستها، لاكتشاف أوجه التشابه والاختلاف بينها في كلّ الحالات، سواءً كانت مقارنات مكانية، كالمقارنة بين مجتمعين أو دولتين مختلفتين، أو مقارنات زمانيّة، كتناول نفس الظاهرة في مجتمع واحد في فترات زمنيّةٍ مختلفة، أو مقارنة موضوعيّة تركّزُ على دراسة ظاهرةٍ معيّنة في عدّةِ حالاتٍ مختلفة زمانيًّا ومكانيًّا، وربطها بالظروف المحيطة بها.

ويكون الهدفُ النهائي لهذا المنهج هو الوصول إلى نتائجَ وقواعدَ علميّةٍ عامّةٍ لا ترتبطُ بمكانٍ أو زمانٍ معينين. وللوصول لنتائج أكثر دقّةٍ للظاهرة لا بدَّ من ازدياد الحالات المدروسة، فهذا يُمَكّن الباحث أن يبعدَ تلك الحالات الخاصّةِ والمتطرّفة.

المنهجُ السلوكيُّ:

يتمُّ النظرُ للسلوك وفقًا للمنهج السلوكي على أنّه الوحدةُ التحليليّةُ لدراسة ظاهرةٍ ما من الظواهر المجتمعيّةِ، حيثُ يتمُّ الاهتمام بالحركة والتفاعُل ومحاولة التكيُّف مع المحيط والبيئة العامّة، ولا ينظر للظواهر في صورتها الجامدة.

أهمُّ عناصر المنهج السلوكي:

1. محور اهتمام سلوك الإنسان كاستجابة لما يحدثُ في البيئة تحقيقًا لغرض معينٍ، أو تلبيةً لدافع ذاتيّ.

2. يهتمُّ بربط التأصيل النظريّ بالأبحاث التجريبيّة والمعلومات المستمدة من الأبحاث الميدانية.

3. الإيمان بتداخُلِ العلوم الاجتماعيّة وقدرتها على الاستفادة من التطوّراتِ في مجالاتِ البحث العلمي.

4. الاعتماد على المنهج الموضوعيّ، وعدم الخضوع إلى الأخذ بالفرضيّات والتساؤلات المطروحة نظريًّا عن القيم والمُسَلَّمات العقيديّة.

5. يتمُّ من خلال استخدام هذا المنهج الوصول إلى نظرية تجريبيّة في مجالاتٍ من العلوم السياسيّة وكافّةِ العلوم الاجتماعيّة.

كما يسعى المنهجُ السلوكيُّ إلى تفسير سلوك المؤسّسة أو المنظّمةِ أو السلطة في ضوء قواعد مسبقة تمَّ التوصُل إليها في العلوم الأخرى، وينظرُ إليها على أنّها بمثابة مجموعة من الأفراد، وأنّ شخصياتِ هؤلاء الأفرادِ تنطبعُ على تصرُّفاتِ تلك

المؤسسة، وأنَّ أيّ قرارٍ يصدر عنها ما هو في النهاية إلّا تقريرٌ عن تشابُك وتفاعُل وتصوُّرات الأشخاصِ المكونين لتلك المؤسَّسة.

و تتركّزُ اهتماماتُ هذا المنهج على دراسةِ الأسباب والدّوافع الّتي تقفُ وراء تبنّي هؤلاء الأفراد والمؤسَّسة نفسها إلى سياساتٍ معيّنة. لذلك نجدُ في دراسةِ الجوانب السياسيّة، أنَّ أنصار هذا المنهج يحاولون الرّبطَ بين طبيعة الشعوب وطابعها القوميّ من جهة، وبينَ سياساتها وقراراتها من جهة أخرى. (بركات، نظام 1994).

ويرتبطُ اختيار المنهج المناسب لأيّ علمٍ من العلوم الاجتماعيّة بنوعِ المنظور الّذي تستند إليه الدراسة، كميًّا كان أو كيفيًّا.

نوع الدراسات الاجتماعيّة:

ينقسمُ المنهج في البحوث الاجتماعيّة إلى قسمين أساسيين، هما: المنظور الكميّ، والمنظور الكيفيّ:

1- المنظور الكميّ (Quantitative Perspective):

ينطلق "المنظور الكميُّ" من الفلسفة الوضعيّة، الّتي أوجدها "أوجست كونت". وتعتمدُ على الدلالات الحسيّة، بمعنى أنَّ الحقائقَ لكي تدرس بموضوعيّةٍ يجب أن يعبَّرَ عنها رقميًّا، وفي هذه الحالة تكون الدراسةُ تجريبيّةً في طبيعتها تعتمدُ على نظامٍ قياسيّ، وتبحثُ عن العلاقات الرقميّة بين المتغيّرات.

2- المنظور الكيفيّ (Qualitative Perspective):

وهو القسم الثّاني من البحوث الاجتماعيّة، والّذي يعبَّرُ عنه بالمنظور الكيفيّ، ويعتمد على الوصفِ العلميّ للظواهر الواقعيّة الناتجة عن إدراك الفرد وفهمه للظاهرة من خلال التركيز على المعاني، ومعرفة جوانبها المتّصلة بمشكلة البحث .

(Glathorn 1998; Cresswell, 1994)

و لكلٍّ من المنظور الكميّ والمنظور الكيفيّ خصائصُ وصفاتٌ تميزهُ عن غيره، ويعتمدُ الباحثُ على اختيار أيّ منهما وفقًا لطبيعةِ دراسته المنبثقةِ من أهدافها ومسلّماتها، فغالبًا ما يكون اعتماد الدراسات النفسيّة على المنظور الكميّ، خاصّةً تلك الّتي تعتمدُ على المنهج التجريبيّ. بينما البحوث في علم الاجتماع تعتمدُ على المنظور الكيفيّ، وستلقي الصفحات القليلة الآتية مزيدًا من الضوء على الفروقات بين المنظورين، وخصائص كلّ منهما.

مقارنة بين الدّراسات الكَميّة، والدّراسات الكيفيّة

تبرزُ المقارنةُ بين الدّراسات الّتي تعتمدُ على المنظور الكميّ، وتلك الّتي تعتمد على المنظور الكيفيّ في عدّةِ معانٍ، فيشار إلى البحثِ الكميّ على أنّه "باردٌ"، وإلى البحث الكيفيّ أنّه "دافئ"، ويقصد بذلك أن الطُّرقَ الكميّة تجريبٌ غير شخصيّ، تتخذُ فيها القرارات بمنأى عن شخصيّة الفرد وقيمه وعلاقاته ومعتقداته ومشاعره، ويدور البحث في فلك ظاهرةٍ محدّدة تمّ ضبط كلّ أو معظم ما يحيط بها لدراستها دراسة موضوعيّة. أمّا البحث الكيفيّ فعلى النقيض، يأخذ في اعتباره كلّ هذه العوامل، وينتج عنه بيانات غنيّة وحقيقيّة وعميقة، ولا شكَّ أنَّ هذه الصفات بين النوعين من الدّراسات مستمدّة من طبيعة الفروقات بين المنظور الكميّ والمنظور الكيفيّ.

ولمزيد من إلقاء الضوء على هذين النّمطين من البحوث نوردُ المقارنةَ بين المنظورِ الكميّ بالنسبة للمنظور الكيفيّ، وذلك على النحو التالي:

منظور خارجي في مقابل داخلي (Outsider/Insider Perspective)

يحاولُ الباحثُ مع البحث الكميّ فهمَ الحقائق من منظورٍ خارجيّ متحررًا من كلّ التحيزات والأهواء. وعلى النقيض فالمنظور مع البحث الكيفيّ داخلي، فالنتائج الّتي يتمُّ الحصول عليها ليست بمعزل عن أفراد العيّنة بأفكارهم ومشاعرهم وعلاقاتهم و.... إلخ.

حقيقة ثابتة في مقابل ديناميكيّة (Stable/ Dynamic Reality)

يؤمن البحث الكميّ أنَّ الحقائق الّتي تجمعُ حول سلوك الفرد ذات طبيعة ثابتة لا تتغيّر، أمّا البحث الكيفيّ فهو أكثرُ مرونةً، ويعترفُ بالطبيعة الديناميكيّة المتغيّرة للحقيقة.

جزئية في مقابل كلّية (Particularistic/ Holistic)

يقوم الباحث بتحديدِ متغيّراتٍ للبحث وعزل أخرى، ليتحقّقَ الضبط في الدراسة الكميّة، ويوظّفُ أدواتٍ لجمع المعلومات عنها، وهذه نظرة جزئيةٌ، بينما في الدراسة الكيفيّة يسعى لتكوين رؤية كلّية كاملة تتعلّقُ بموضوع الدراسة، وقد يتمُّ ذلك عن طريق المقابلة والملاحظة وفحص الوثائق وغيرها.

التّحقُّق في مقابل الاكتشاف (Verification/ Discovery Orientation)

تعتبر الإجراءات المتّبعة في الدراسة الكميّة ذات هيكلٍ صارمٍ، تستهدفُ التحقّق من الفروض لقبولها أو رفضها، وتنحصرُ المرونةُ في أضيقِ الحدود، لضمان توفُّر

الموضوعيّة. وعلى الجانب الآخر تكون الدّراسة الكيفيّة ذات طبيعة استكشافيّة، ولا ينحصر هدفُها في مجرّد التحقُّق، وتتوفّرُ مجرّد مرونة عالية، بحيث يستطيع الباحث، على مدار الدّراسة، التعديل أو التغيير أو الحذف في نوعيّة المعلومات ومصادرها الّتي سيتمُّ جمعها. ويتيح هذا القدر من المرونة فهمًا أعمق لموضوع الدراسة مقارنة بالبحث الكميّ.

بيانات موضوعيّة مقابل ذاتيّة (Objective/ Subjective Data)

يركزُ الباحثُ في الدراسة الكميّةِ على البيانات الرقميّة الموضوعيّة، الّتي لا تتعلّقُ أو تتأثّرُ بمشاعر الأفراد وأحاسيسِهم، بينما تهتمُّ الدراسةُ الكيفيّة بالبيانات الّتي تعكس هذه المشاعر والأفكار.

شروط مضبوطة مقابل طبيعية (Naturalistic Conditions/ Controlled)

تجمعُ البيانات الكميّة عادةً تحت ظروفٍ يتوفّرُ فيها قدرٌ كبيرٌ من الضبط، بحيث يضمنُ أن يعزى المتغير التابع للمتغيّر المستقلّ وحده وليس لمتغير آخر، أمّا البحث الكيفيّ فيحدث تحت ظروفٍ طبيعيّة، قد توجد فيها متغيرات أخرى تؤثّر على البيانات. وفي الواقع تشكّل عملية الضبط شبه الكاملة في البحث الكميّ جوًّا معمليًّا مصطنعًا، يتنافى مع واقع حدوث الظاهرة موضع الدراسة.

نتائج ثابتة مقابل صادقة (Reliable / Valid Results)

تسعى البحوث الكميّة والكيفيّة، على حدٍّ سواء، لتحقيق الثبات والصدق، لكن يركّزُ البحث الكميّ بشكل رئيس على الثبات، أي الحصول على نفس النتائج

عند تكرار التجربة، أمّا البحث الكيفي فيركّزُ بشكلٍ أكبر على الصدق والحصول على صورةٍ حقيقيّة (زيتون، كمال عبدالحميد، 2004).

ووضع زيتون (25:2004) جدول مقارنة بين المدخل الكميّ والمدخل الكيفيّ في الدراسات الاجتماعيّة من حيث الافتراضات، وغرض البحث، وعملية البحث ونوع الدراسة، وذلك على النحو التالي:

المدخل الكيفيّ	المدخل الكمّي	وجه المقارنة
يرتكز على فلسفة مؤداها أن الحقائق الاجتماعية تتأثر بالأفراد، وليست بمعزل عنهم.	يرتكز على الفلسفة الوضعية الّتي مؤداها أنَّ الحقائق الاجتماعيّة منفصلةٌ عن معتقدات الأفراد ومشاعرهم.	الافتراضات
يسعى لفهمِ الظاهرة الاجتماعيّة من خلال الأفراد المعنيين بها، أو مشاركة الباحث هؤلاء الأفراد حياتهم.	يسعى لمعرفة العلاقاتِ، وكذلك الأسباب المسؤولة عن التغير الاجتماعي.	غرض البحثِ
تتيح للباحث قدرًا كبيرًا من المرونة في اتّخاذ قرارات، وتعديلها حتّى أثناء سير الدراسة.	مجموعة إجراءات وخطوات صارمة تربط البحث، يتم وضعها قبل الشروع في الدراسة ضمن مخطط كلّي.	عملية البحث
يتم الاعتماد هنا على الأحداث وقت وقوعها، للمساعدة على فهم بنية الحقيقة الفعلية (إثنوغرافيا)، أمّا الأحداث الماضية الّتي يدرسها البحث التاريخي فنستخدم معها سبلًا تحليلية.	توظف تصميمات تجريبية أو ارتباطية، لتقليل خطأ التحيز، وأثر المتغيرات الداخلية.	نوع الدراسة

وتأتي أهميّةُ معرفة الباحث الفروق بين المدخلين لتساعده على الاختيار السليم بينهما بما يتناسب مع موضوع بحثه، فكثيرًا ما يدور الجدل حول المقارنة بين المدخل الكميّ والمدخل الكيفيّ في البحوث الاجتماعيّة من حيثُ المزايا والعيوب، وأفضليّة أيّ منهما على الآخر. كما أنّ في بعض الأحيان تدور النقاشات الفلسفيّةُ المتداخلة حول طبيعة وقدرات كلّ طريقةٍ من طرق البحث الّتي يختص بها كلّ من هذين المدخلين (الكمي والكيفي). وجدير بالذكر أنَّ أهمَّ هذه الطرق بالنسبة للمدخل الكميّ هما؛ منهج المسح الاجتماعي، والمنهج التجريبي، بينما أهمّ طريقتين في المدخل الكيفيّ هما؛ الملاحظة بالمشاركة، والمقابلات المتعمقة وغير المقننة.

وفي ظاهر الأمر، فإنَّ الأسئلة المتعلقة بتقييم أيّ من هذين المدخلين من حيث المزايا والقدرات قد تبدو أسئلة تقنية تدور حول نقاط القوّة والضعف في كلّ منهج أو طريقة من مناهج وطرق البحث لهذين المدخلين، ومدى نجاحها في دراستها لموضوع البحث.

ويدور النقاشُ أيضًا حول الاختلافات بين طبيعة المسح الاجتماعي، والملاحظة بالمشاركة (كأداتين: كميّة وكيفيّة على التوالي)، ويكون في الغالب ميلًا إلى الاقتناع أنَّ ميزة تطبيق المسح الاجتماعي هو أنّه يمتلك المقدرة على توفير إطار مرجعيٍّ مرتبطٍ بإجراءات المنهج العلمي، بينما الملاحظة بالمشاركة ليست بنفس المستوى الّذي يتّصفُ به المسح الاجتماعي. ونتيجة لذلك أصبح ينظر إلى الطرق الكيفيّة، كالملاحظة بالمشاركة على أنّها هامشيّة نسبيًّا في سياق أدوات جمع البيانات في العلوم الاجتماعيّة (Bryman 1988).

وبعكس ذلك، هناك من يرى أهميّة المدخل الكيفيّ وتفوّقهِ على المدخل الكميّ في حالاتٍ كثيرة، مثلًا: غلاثثورن Glatthorn (1998:34) يرى أن هذا المدخل يتميز دون غيره، بالمقدرة على الكشف عن وجهاتِ النّظر حول الظواهر الاجتماعيّة

ومعرفتها جيّدًا، خاصّة تلك الّتي ترتبط بأفكار الفرد. فالدراسة هنا تركّزُ على المعاني والفهم للمواقف الّتي تحدث في الأوضاع الطبيعية للمجتمع. كما يعرّف كريسويل Creswell (1994:2) الدراسة الكيفية على أنها "دراسة بحثيّةٌ تهدف إلى فهمِ مشكلةٍ اجتماعيّة أو إنسانيّة تستند إلى بناء صورة معقّدة وشاملة تصاغ في كلمات لتنقل وجهات نظر تفصيلية، عن واقع البيئة الاجتماعية".

وبالرّغم من الاعتقاد بأهميّة الإحصاءات الرسميّة الّتي أدّت إلى ميل جميع الأبحاث الحكوميّة أن تكون ذات طبيعة كميّةٍ، فإنَّ الأبحاث الكيفيّة لعبَت أيضًا دورًا مهمًّا في السياسات البحثية، وتعطي كاثرين (Catherine 1987: 29) أمثلة عن تلك الدراسات الّتي تمَّ تصميمها لمعرفة أوضاع العاملين في المنازل، وكذلك العاطلات عن العمل، وتنفيذها ضمن برامج السياسات البحثيّة الواسعة لدائرة حكومية. وترى كاثرين أنّهُ عادةً تلاقي هذه النتائج استحسانًا من المهتمّين بهذه السياسات، ويرجع سبب ذلك؛إلى أنَّ عمق المعلومات الغنيّة في البحوث الكيفيّةِ أصبح يشكّلُ نقطةَ تغيّرٍ في تفضيل البحوث الكيفيّة على البحوث الكميّةِ الّتي تعتمد على التحليلات الرّقميّةِ والإحصاءات الرسميّة.

كما ترى "كاثرين" أنَّ الاعتماد على الدراسات الكيفيّةِ عادةً تكون مادّتها متاحةً، ويمكن للباحث الحصول عليها بسهولة، كما تقلُّ فيها مشكلات التواصُلِ مع الناس أو سوء الفهم لنتائجها، خاصّة تلك الّتي تتعلّقُ بحياة الناخبين السياسيين أو العملاء، أو رواد الدوائر التجاريّة أو الحكومية أو غيرها. ذلك أنَّ الدراسات الكيفيّة يمكن أن تساهمَ بشكلٍ أكثر سهولة في فهم الجمهور ومناقشة السياسات للقضايا المدروسة، ومنها القضايا الّتي تدخلُ في جدول الأعمال (كما هو الحال في العمل المنزلي)، أو تمرُّ بعمليةِ إعادةِ تعريفٍ وإعادة تقييم، أو التعرّف على مشكلة التمييز التعسُّفي في بعض المجتمعات، كما هو الحال في حالة عدم توظيف النساء.

وقد استخدم علماء الاجتماع لسنواتٍ عديدةٍ أساليبَ جمع البيانات الّتي يرتبط بها الاتّجاه الكيفيّ، وأشهرها الملاحظة بالمشاركة، حيث يقتضي القيام بها التعايش التامّ مع المجتمع المدروس لفتراتٍ قد تقصر أو تطول، بغية تحقيق الوصول إلى فهمٍ شامل وعميق لموضوع الدراسة، سواءً كانت تلك الّتي تتعلَّقُ بجماعة أو منظّمةٍ أو أيِّ شيءٍ آخر.

وقد دعا (مالينوفسكي) على وجه التّحديد إلى تبنّي مثل هذه الإستراتيجيّة البحثيّة في بداية القرن العشرين، في علم الأنثروبولوجيا، عندما نصحَ الباحثَ بالنزول من الشرفة إلى ساحةِ المجتمع الفعلي، حيث التفاعُل مع السكان الأصليين فيه (Bryman 1988: 45).

ويعود الفضل لاستخدام الملاحظة بالمشاركةِ بصفةٍ خاصّةٍ والبحوث الكيفيّة على وجه العموم في الأنثروبولوجيا وعلم الاجتماع، إلى الدراسة الكلاسيكية الّتي قام بها عالِمُ الأنثروبولوجيا "وليام فوت وايت" (William Foote Whyte) في الأحياء الفقيرة بإيطاليا عام ١٩٤٣، بعنوان "(Research Among Street Corner Boys) "أطفال الزاوية"، والّتي اشتهرَتْ فيما بعد عندما أُعيدَت طباعتُها. غير أنَّ البحوث الاجتماعيّة لا تقتصرُ على المدخل الكميّ والمدخل الكيفيّ، فهناك بعضُ الحالات الّتي تتطلّبُ الجمعَ بينهما. وهناك أيضا من الأدواتِ البحثيّةِ الّتي يستعين بها الباحثُ لكلِّ نوعٍ من البحوث، كميّةً كانت أو كيفيّةً، وتعبّر المقابلة بكل أنواعها عن أيِّ نوعٍ منها شريطة الالتزام بانتقاء الأداة الأنسب لكلِّ حالةٍ من حالات البحث، فمثلًا: "المقابلة المقننة" (Structured Interview) تكون أكثر استعمالًا للنوع الكميّ للبحوث، وتجمع "المقابلة نصف المقننة" (Semi-Structured Interview) بين الكميّ والكيفيّ، بينما تقتصرُ المقابلة غير المقنّنةِ (Unstructured Interview) على النوع الكيفي، ومثلها المقابلة للمجموعة (Group Interview).

ولا تقتصرُ الدّراسة العلميّة في العلوم الاجتماعيّةِ والإنسانيّةِ على وجود التقسيمات والتنوُّعِ في الأُطرِ التصوريّة والمداخل المنهجيّة فحسب، وإنّما تتعدّاهُ إلى وجود تنوُّعٍ في هذه البحوث وأشكالها أيضًا، وعلى الباحث أن يتعرَّفَ على طبيعة المشكلة الّتي يدرسها، ويستدعي ذلك الحرص على الاختيار الواعي والدقيق للطُّرقِ الّتي يسلكها في دراسته، وأن يكون مدركًا لملاءمتها لمشكلة بحثهِ وبمعرفةٍ تامّةٍ بمدى فعاليّتها لتحقيق الهدف الّذي يرجو الوصول إليه؛ لكي يضمنَ الوصول لنتائجَ دقيقةٍ وواضحةٍ ويسهل تفسيرُها وتعميمها.

أنواع البحوث العلميّة في العلوم الاجتماعيّة والإنسانية

تنقسمُ البحوث العلميّةُ إلى ثلاثة أنماط كالتّالي:

بحوث كشفيّة أو استطلاعيّة (Exploratory Research)
وهي تلك البحوثُ الّتي يقوم بها الباحث بهدفِ الإجابة على التّساؤلات، أو الفرضيّات المسبقة الّتي وضعها الباحثُ موضع التجربة أو الدراسة.

بحوث تشخيصيّة (Diagnostic Researches)
وهي بحوثٌ تتعلّقُ بدراسة الفرضيّات السببيّة للمشكلة هدف الدراسة، أي دراسة الأسباب المختلفة الّتي تؤدِّي إلى حدوث الظاهرة وتكرارها، والّتي غالبًا لا يمكن اختزالُها بعاملٍ واحدٍ. ومثال لذلك، عندَما يتناولُ الباحث مشكلةً ما، لنقل مشكلة انحرافِ الأحداث في مجتمع ما، فكثيرًا ما تكونُ هذه المشكلةُ نتيجةَ عواملَ

متعدّدةٍ ومتفرّعةٍ، تتمثّلُ في عوامل اجتماعيّة، كالتفكُّك الأسريّ، أو الانحلال الخلقيّ لأحد الوالدين أو كليهما، أو القسوة الزائدة، أو "الدّلع" الزائد، والأخطر من ذلك التذبذب بين القسوة والدلع، وكذلك يلعب الرّفاقُ في المدرسة أو خارجها دورًا في الانحراف عن طريق التقليد. كما تشكِّلُ العوامل الاقتصاديّةُ عاملًا قوّيًا للانحراف وسببًا له، تتمثّلُ في تدنّي المستوى المعيشي، في مجتمع تسودُه إعلاء قيمة المظاهر الماديّة، ممّا يخلقُ تطلُّعاتٍ لدى الحدث تشعرُه بعدم التكيُّفِ مع واقعه والإحباط، وغيرها من عوامل أخرى.

البحوث التقييميّة (Evaluation Researches)

وهي تلك البحوث الّتي تهتم بجدوى القيمة الاجتماعيّة لنجاح مشروع ما، أي قياس درجة تحقيق ما ينسب لنشاطٍ أو برنامج من أهداف ما، ومدى تحقيق الإنجاز وملاءمته وبيئته، من ذلك مثلًا: معرفة مدى فاعليّة برنامج تربويّ على تغيير ممارساتٍ لدى طلبة، أو مدى تحقيق برنامج تمكين المرأةُ في مجتمع ما. ويعتبر هذا النوع من أكثر البحوث انتشارًا في المجتمعات؛ وذلك لارتباطه بفكرة الجدوى والنفعيّة.

البحوث الوصفيّة (Descriptive Researches)

وتهتم بوصف الظواهر، من خلال دراسة الحقائق الّتي ترتبطُ بظاهرةٍ معيّنة، أو مواقف اجتماعية، إلّا إنّها ليس بالضرورة أن تلتزم بوجود فرضياتٍ أو تساؤلات مسبقة.

- وهناك أنواع أخرى من البحوث منها البحث التطبيقي الّذي يتخذه الباحث بهدف تطبيق نتائجه لحل المشكلات القائمة، كالتعليم أو الإدارة.

- **البحث النظريّ**: ويهدف إلى إيجاد إجاباتٍ على تساؤلاتٍ تدورُ في فكرِ الباحثِ، ولتوضيح الغموض الّذي قد يحيط بظاهرةٍ ما. (عبد المجيد، أيمن وآخرون 2014:14).

تلك هي أهمُّ الأسس النظريّةِ العامّةِ الّتي يتّسمُ بها البحثُ العلميّ في الدّراسات الاجتماعيّةِ والإنسانيّةِ، وتميزه عن غيره من العلوم، ولهذه الأسس النظريّةِ امتدادات لمعايير وشروط أساسيّة يجب أن يتحلّى بها الباحث في أيّ مرحلة من مراحل البحث.

الفصل الرّابع
معايير نظريّة وشروط مُلزِمة

للبحث في الدّراساتِ الاجتماعيّة والإنسانيّة معايير وشروط يتحتّمُ على الباحث أن يتّبعَها عند كتابة الإطار النظريّ، لكي يتحقَّقَ الإتقان في بحثه بطريقةٍ مترابطةٍ وشاملةٍ ومتّسقةِ الأفكارِ فيما بينها، وبذلك يوفّرُ الباحثُ كثيرًا من الجهود الذاتيّة، بدنيًّا ونفسيًّا، وكذلك المادّيّة والزمنية. وفيما يلي بعض تلك المعايير المهمَّةِ الّتي يجب على الباحث اتّباعها.

اختيارُ العنوان ومشكلة البحث وصياغتها:

ما يجب وضعه في الاعتبار في المناهج العلميّة أنَّ لكلِّ بحثٍ هيكلًا وصورة متكاملة عنه، قد تختلف عن غيره من البحوثِ، اعتمادًا على الموضوع أو نوع المادة المحدَّدة للبحث والمؤثّرات الّتي تتّصلُ بالظّروف المختلفة وترتبط بكلِّ موضوعٍ، وتعتبر مرحلة وضع خطّةِ البحث من أهمِّ المراحل لترتيب موضوعاته. ومهما اختلفَتِ الخطط، إلّا إنَّهُ يمكن القول إنَّ جميعها لا بدَّ أن تحتوي على عنوان للبحثِ، ومقدّمة تتضمَّنُ تقريرَ المشكلة، طبيعتها العلميَّة، وحالتها العمليّة، كما تشتمل على متنِ البحث، وهو الفهرس العلميّ لمشكلة البحث، كما تتضمَّنُ المصادر والمراجع الأساسيّة الّتي اعتمدها الباحث في بحثه.

وكثيرًا ما تتعرَّضُ الخطَّةُ الأوليَّةُ للتغيير والتبديل، ممّا يزيد من قيمة البحث ويضاعف من أهميّتِهِ، لهذا يتمُّ التمييز بين الخطَّةِ الأوليَّةِ والخطَّةِ النهائيَّةِ. فالخطَّة الأوليَّة يضعُها الباحث بعد أن يُكوِّن فكرة فيها بعض الوضوح عن الموضوع، بينما الخطَّة النهائيّة تكون أكثر دقّةً ووضوحًا؛ لأنّها تكون قد تعرَّضَت للمراجعة والتقييم، وخاصّةً أثناء عرض المشكلة ومناقشتها في "السيمينار" الّذي عادّةً ما تتّبعه الجامعات لطلابها، أو استشارة من يملك الخبرةَ والتخصُّصَ في نفس مجال بحثه. كذلك يمكنُ للباحث أن يستفيدَ من المعلومات المتاحةِ لدى أيِّ مؤسَّسةٍ أو هيئة علميَّة، ووفقًا للمعلومات الّتي حصل عليها طوال هذه الفترة، فيقوم بالتّعديلات "المناسبة والتنقيح، إلغاءً أو إضافةً"_(Hayton, 2015؛ دويدري، رجاء2000:408).

ويجبُ ألّا يغيبَ عن بال الباحث أنَّ اختيارَ عنوانِ البحث يُعتبَرُ مسألةً بالغةَ الأهميَّة، حيث يقال:

"إن الكاتبَ من أجادَ المطلع والمقطع"، ويُقصَدُ بالمطلع؛ عنوان البحث الّذي يجب أن يكونَ جديدًا ومبتكَرًا، ذا طابعٍ علميٍّ هادئ ورصين، وأن يكونَ مطابقًا للأفكار الّتي يتضمَّنها البحث، ومعبِّرًا عن المشكلة باختصار، وذلك بضرورة توضيح طبيعتها ومادّتها العلميَّة، بحيث يعطي انطباعًا أوليًّا في عباراتٍ موجزةٍ تسهِّلُ على القارئ ما يتضمَّنه البحث.

ويعتبر اختيار مشكلة البحث هي الخطوة الأولى الّتي تطلقُ إشارةَ البدء في العمل الجادِّ، وتوجِّهُ مساره، وتحدّدُ أدواته البحثيّة. والباحث المتمرِّسُ يعرف كيف يختار المشكلةَ، أو كيف يستفسر عن أهميَّةِ المشكلة والتأثيرات المتبادلة لها في واقعها الوجودي. ومهما كانتِ الدَّرجة العلميَّة لموضوع البحث، سواءً كانت لنيل درجةِ الماجستير أو الدكتوراه أو شيء آخر، فإنَّ اختيار مشكلةِ البحث يعتبر أهمَّ ما يشغل

بال الباحث. ومن الطبيعيّ أن يشعرَ الباحثُ بحالةٍ من الحيرة والترُدُّدِ لفترةٍ من الزمن، قد تطول أو تقصر، وعليه ألّا يقلقُ من هذه الحالة، وألّا يدعَها تقلِّلُ من ثقته في نفسه أو في قدراته البحثّية، فهي ظاهرةٌ صحيّةٌ، يمكنه أن يجعلَها دافعًا له لمزيد من القراءة والاطّلاعِ على كلّ جديد يتعلّقُ بموضوع بحثه، ودافعًا له لإجراء الحوار والتّشاور مع أساتذته وزملائه حول كلّ ما يدور في ذهنه من أفكار، حتّى يصلَ لقناعةٍ كاملةٍ بموضوع بحثه وأبعاده وأهميّته.

ويجب التنبيه إلى أنَّ بعضَ الباحثين الجُددِ يلجؤون أحيانا إلى غيرهم من الباحثين أو أساتذة الجامعات لتحديد موضوع البحث، وهذا أمر غير مُستحسنٍ، لأنّه ربّما يقترح هؤلاء عليهم موضوعات لا تتّفقُ مع ميولهم الحقيقيّة وينعكس ذلك سلبًا على جودة البحث، عندما لا يتمكّنُ الباحث من إتقانه تمامًا. وهنا تأتي أهميَّة أن يهتدي الباحثُ إلى موضوع توصّل إليه من خلال قراءاته وتتبُّعه لما كتبه الآخرون من قبله في مجال البحث الّذي يختاره، فهو بذلك يستبين موضوعًا يتّفقُ وميوله.

ويقتضي ذلك أن يتمتَّعَ الباحثُ بثقافةٍ واسعةٍ تمكِّنه من الاهتداء إلى بحث أصيلٍ وممتعٍ، وبتعبير آخر، تكون المشكلة موضوع البحث مبادرة ذاتيّة منبثقة من الفضول العلميّ والخاصِّ للباحث. عن طريق القراءة الواسعة والاطّلاع يتولّد في نفس الباحث إحساسٌ عميقٌ أنّه سينفذ إلى أفكار وآراء لم يصل إليها من سبقه في البحث، ويتخلَّص بذلك من الانقياد لأفكارِ الباحثين السابقين له، فهو يقوم بتدوين الأفكار ليناقشها، ثمَّ يضيف إليها أفكاره، ومن هنا تأتي أهميَّة العمل على أن يطور الباحثُ قدراته المعرفيّة في هذا المجال، فيأتي اختيارُه للمشكلة موفقًّا (دويدري، رجاء2000:409).

ومن الأخطاء الشائعة أيضًا الّتي يمكن أن يقع فيها الباحث عند اختيار مشكلة البحث، التحمُّس لموضوع واحد معين، وأن يصرَّ عليه دون أن ينظر لاحتمالات

أخرى، وموضوعات جديدة، ومشكلات لم يتمّ تناولها من قبل. وربّما يقوم باختيار موضوع تقليديٍّ مستهلك، بدلًا من اختيار موضوعاتٍ أخرى أكثر حداثة، وربما أكثر أهميَّة في مجال تخصُّصه. (كوجك، كوثر 2007:5)

صياغةُ المشكلةِ وتحديدها: (Problem Identification)

بعد اختيار مشكلةِ البحث، على الباحث أن يقومَ ببلورتها وصياغتها صياغةً واضحةً، بحيث لا تكون شديدةَ الاتّساع فيصعب تناولها، أو أضيق من اللازم فتقلّ قيمتها العلميَّة والعمليَّة. وعليه أثناء عملية صياغة المشكلة وبلورتها أن يقوم بتحديد المفاهيم الأساسية للدّراسة، وبيان الجوانب الّتي سيركّزُ عليها أكثر من غيرها، وكذلك تحديد الفترة الزمنيَّة، والإطار المكانيّ لموضوع البحث وعناصره الأساسيَّة، بحيث تكون مشكلةُ البحث في هذه المرحلة واضحةً، ومعالمها محدَّدة بدقة، وبالتفصيل الملائم.

ومن الأمثلة التطبيقية لتحديد مشكلة البحث المراد دراستها، هي تلك الّتي تتعلّقُ بـ"الدور التنموي لمنظمات المجتمع المدنيّ في مصر"، وفي مثل هذه الحالة لا بدَّ من صياغة المشكلة وبلورتها بشكلٍ واضح كالتَّالي:

- تحديد النّقاط الّتي سيهتمُ الباحث بها بدرجة أكبر من غيرها، فقد يرى الباحث أنَّ ما يهمُّه هو التركيز على الدَّورِ التنموي لتلك المنظمات داخل المدن المصريّةِ، ومن ثمَّ يصبح موضوعه الرئيس هو "الدّور التنموي لمنظَّمات المجتمع المدني في المدن المصرية".
- تحديد الفترة الزمنية الّتي يغطّيها البحث. فقد يختارُ الباحثُ الفترةَ الممتدّة من 1964 إلى 2004 وقد يكون صدور قانون الجمعيات سنة 1964، ومرور

أربعة عقود على هذا القانون في سنة 2004م مبررًا لاختيار هذا التاريخ، ممّا يتيحُ للباحث إمكانيّة تقييم أداء تلك المنظّماتِ عبر فترةٍ معقولة من الزمن (غانم، إبراهيم، 33:2008).

وجديرٌ بالذّكرِ أنَّهُ لا يشترط التحديد الزمنيّ في كلّ الدراسات والبحوث، فقد لا تستلزم مشكلة البحث مثل هذا التحديد الصارم، ونادرًا ما يحدث ذلك في البحوث ذات الطابع النظريّ، أو تلك الّتي يغلبُ عليها الجانب التجريديّ على الجانب التطبيقيّ.

ومن المفضّلِ أيضًا أن يذكرَ الباحثُ أسباب اختياره لمشكلةِ بحثه، والفوائد العلميّة والتطبيقيّة المتوقَّعة من دراستها، مع بيان نمط البحث الّذي سيجريه، مثلًا: هل هو أساسيٌّ أم تطبيقيٌّ؟ كميٌّ أم كيفيٌّ؟ مكتبيٌّ أم ميدانيٌّ؟ استطلاعيٌّ أم اختباريٌّ؟ يتناول نتائج سابقة بالتمحيص، أم فروضًا معيّنة يريد أن يتثبت من مدى صدقها، والتقدّم في العملية البحثيّة؟ كذلك ربَّما يجد الباحث أنَّ من الضروريّ إجراء بعض التعديلات الّتي يكتشفُ أنَّها لازمةٌ في ضوء ما يتوصَّلُ إليه من معلومات أو استنتاجات أو أفكار جديدة. (غانم، إبراهيم 34:2008).

ويمكنُ إعطاء أمثلة لمشكلات يمكنُ بحثها، وفيما يلى نماذج لها:

أ- العلاقة بين ارتفاع نسبة انحراف الأحداث (في مجتمعٍ معين)، وحجم المهاجرين في نفس المجتمع.

ب- لماذا حدثت الثّورات العربيّة في جمهورياتٍ عربيّة، ولم تحدث في الممالك العربيّة؟

ربَّما تحتاج هذه التساؤلات أو المشكلات البحثيّةِ إلى إجابات توضِّحُ أسبابها، وتكشفُ الغموض المحيط بها، وتقترح الحلول المناسبة لها، وهنا تأتي أهميّة اتّباع

خطوات البحث العلمي، الَّتي تبدأ باختيار المشكلةِ وصياغتها بشكلٍ واضحٍ، وتحديدها بدقة، وكلَّما كانت مشكلةُ البحث واضحةً ومحدّدةً بدقَّةٍ، سهَّلَت على الباحث بقيَّةَ الخطوات التالية لبحثه. وعندما يهملُ الباحثُ الدِّقةَ في الاختيار والوضوح فسيؤدّي ذلك إلى إجهاده وضياع الوقت والمال، وبالتالي لا يتوصَّلُ إلَّا إلى نتائج محدودة القيمة، وقد لا تكون لها قيمة أصلًا.

والسؤال الآن هو: من أينَ يحصل الباحث على مشكلة بحثيّة ما؟

وما معايير الحكم على مشكلة ما؛ جيدة أو غير جيدة؟

والحقيقة أنَّه يمكن اختيار مشكلة البحث من مصادر متعدّدة، أهمها الآتي:

1- الملاحظة المباشرة للواقع الاجتماعيّ والسياسيّ:

كأن نلاحظ مثلًا كثافة نشاط الجمعيّات الأهلية في بلد ما، ونسعى لتفسير هذا النشاط، ومعرفة أثره على التنميّة في هذا البلد في فترة معينة. ومن المهمّ أن يعرفَ الباحثُ أنَّ المنهج العلميَّ يبدأ بملاحظة الظواهر الَّتي يريد بحثها، وتقومُ الملاحظةُ بعملية اختيار وانتقاءٍ للوقائع.

2- القراءة في ميدان التخصُّصِ، وفي الميادين العلميَّة القريبة منه:

وبخاصَّةٍ القراءة النقديّة، حيث يمكن أن يكتشفَ الباحثُ مشكلاتٍ في حاجة إلى بحث، أو يرى ضرورة تعميق البحث، أو استكمال النقص في جانب أو آخر من دراسة سابقة، أو تحدّي نتائج تلك الدراسة السابقة، لأنَّ لديه معلوماتٍ جديدةً، أو يرغب في تطبيق نظرية مختلفة على موضوع البحث نفسه. ويستحسن في هذا السياق أن يقوم الباحث بقراءة الرسائل الجامعيَّة، لأنَّها عادةً ما تتضمَّنُ اقتراحاتٍ بمزيد من الدراسات الَّتي يمكن لباحثين آخرين القيام بها، فمثلًا: من دراسة سابقة عن الأحزاب السياسيّة في بلد ما يمكن اختيار مشكلة لبحث جديد حول ظاهرة عدم الاستقرار السياسي في البلد نفسه، أو في بلد آخر خلال فترة زمنيّة معينة.

<u>3- الاستشارات العلميَّة وحضور الفعاليات الثقافيَّة والأكاديميَّة:</u>

وتكون بسؤال الأساتذة والخبراء المختصين، والزملاء الباحثين في المجالات العلميَّة المتنوِّعة، وبخاصَّة تلك القريبة من مجال تخصُّصِ الباحث، وكذلك بحضور الندوات العلميَّة والمؤتمرات والحلقات النقاشية. وتتيح مثل هذه المناسبات وتلك المشاورات العلميَّة فرصةً للباحث كي يطَّلعَ على الأفكار الجديدة، والمشكلات الّتي تحتاج إلى بحوثٍ ودراساتٍ، ومن ذلك: حضور ندوة حول "أزمة الهويّة، ودور الشريعة في بنائها"، حيث يمكن أن تثير مشكلة بحثيّة موضوعها: "دور التعليم في بناء الهويّة الإسلامية خلال فترة زمنيّةٍ معيّنة".

<u>4- الاسترشاد بنظريّةٍ سابقةٍ، أو الحدس بشأن ظاهرةٍ ما:</u>

وأيًّا كان مصدر اختيار مشكلة البحث، فإنَّ لها إطارًا محيطًا بها يتعيَّن فهمه قبل البدء في العمليَّةِ البحثيَّة ذاتها. (غانم، إبراهيم ٢٠٠٨:٢٩).

من المفيد أيضًا أن يتبع الباحث بعضَ المعايير عند اختياره لمشكلة البحث، نذكرها فيما يلي:

⬅ أن تكون المشكلةُ جديدةً ومبتكَرةً ولم يتمّ دراستها سابقًا، مهما كانت الفترة الزمنيَّة للمشكلة، وبذلك يكون الباحثُ رائدًا في بحثه ولم يسبقه غيره من الباحثين إليها، ولكن هناك استثناء، فيمكن للباحث دراسة مشكلةٍ تطرَّقَ إليها بعض الباحثين بمنهجٍ معين، ويرغب هو في تطبيق منهجٍ جديد عليها.

⬅ الأهميَّة العلميَّة والعمليَّة للمشكلة، إذ يفضَّلُ أن تكونَ المشكلةُ من النوع الّذي يؤدّي البحث فيها إلى إثراء المعرفة العلميَّة، أو الإسهام في سدِّ نقصٍ نظريٍّ في المجال العلميّ الّذي تنتمي إليه. وعلى الباحث أن يتجنَّبَ اختيار

106

المسائل التافهة (Trivial Issues)، حتّى لا يضيع فيها وقته وجهده سُدًى. (غانم، إبراهيم 30:2008).

◄ ولا تتحقَّقُ الدراسة العلميَّة في العلوم الاجتماعيَّة إلَّا بالاطِّلاع الواسع والمتعمِّق للأدبيات بكلِّ ما يتعلَّقُ بمشكلةِ البحث ومحدّداتها، قبل تحديد المشكلة وبلورتها، ولا يتوقَّفُ الاطِّلاع إلَّا بانتهاء الدراسة أو البحث. (أبوعلام، رجاء،688:2011).

◄ على الباحث أن يكون موضوعيًّا في بحثه، وهذا يعني أن يدرسَ الظاهرة كما هي عليه، لا كما يجب أن تكون، ويتطلَّبُ ذلك التخلّي عن الأحكام القيميَّة المسبقة والمستمدَّة من الخلفيَّاتِ الفلسفيَّةِ والأخلاقيَّةِ والأيديولوجيَّةِ، واتّباعها بأسئلة رئيسة يحاول الإجابة عنها، ويتطلَّبُ ذلك ما يلي:

أ- يتعيَّنُ على الباحث أن يعتمدَ على الحقائق والشواهد، والابتعاد عن التأمُّلات والمعلومات الّتي لا تستندُ على أسس وبراهين.

ب- يجب أن يكون موضوعيًّا في البحث للحصول على المعرفة، وأن يبتعدَ عن العواطف والأفكار الجاهزة، والأحكام المسبقة والصور النمطيَّة.

ج- وبما أنَّ الباحث الاجتماعي هو القائمُ على البحث عليه أن يتعاملَ بالحياد العلميِّ. والحقيقة أنَّهُ لم تعطَ الحياديّة العلميَّة حقَّها الكافي من الاهتمام لدى الكثير من الباحثين رغم جوهريَّتها، وهي الّتي تصف البحث بالموضوعيَّةِ، حيث إنَّ فكرة الموضوعيَّةِ في العلوم الاجتماعيَّةِ هي فكرةٌ مهمةٌ وصعبةُ التّحقيق. وهنا يأتي دور الباحث ليقدِّمَ قراءةً أقرب للموضوعيَّة عند دراسة المشكلة هدف البحث، وذلك أن يحرص على وضع مسافة بينه وبين الموضوع المدروس.

د- وعلينا أن نضع في الاعتبار، أنَّ العلوم الاجتماعيَّة والإنسانيَّة نسبيَّة وليست مطلقةً، لذلك يجبُ الحذر من استخدام عبارات مثبتة من غير أن تكون نتيجة لقضايا مثبتة في الدراسة، مثل: أن نقولَ عن الأمر "حتمًا..." أو "مطلقًا..."، والأفضل أن نستخدمَ عبارات أقلّ محدوديّة، مثل: "ربَّما..." أو "قد يرجع ذلك إلى...".

هـ- وعند دراسته لظواهر اجتماعيَّة، يجب على الباحث ألَّا يعتمد اعتمادًا كليًّا على كلّ ما يحصل عليه من استنتاجاتٍ أو آراء لدراسات باحثين سابقين، أو حتَّى كلّ ما يأتي في النظريات، دون الحرص على قراءة واعيةٍ يعتمدُ فيها على النقد والتحليل. (عبد المجيد، أيمن وآخرون، 12:2014).

مراجعة الأدبيَّات (Literature Review)

ما أهميَّةُ مراجعةِ الأدبيَّات؟

تكمن أهميَّةُ مراجعة البحوث السابقة في كونها إطارًا مرجعيًّا تنتظم من خلاله مشكلةُ البحث، ويبين كيف أنَّ اختيار هذه المشكلة كانَ سليمًا، ولذلك يجب أن يراعي الباحثون ربط المشكلة المختارة بالبحوث الَّتي سبقتها في نفس المجال، ويجب أن يقتنعَ القارئ بعد قراءته الفصل الَّذي يحتوي على ما رجع إليه من أدبيَّاتٍ، أنَّ المشكلةَ الَّتي يدرسها مهمةٌ ومميَّزةٌ ومختلفةٌ عن البحوث الَّتي أُجريَت في نفس المجال. ويتضحُ من خلال هذا الفصل مدى تمكُّن الباحث من عملياتِ التحليل والنقد والتركيب. (أبوعلام، محمود رجاء 688:2011)، فالغرضُ الأسمى من مراجعةِ البحوث والدّراسات السابقة هو إثراء البحث.

وهناك سؤالان مهمَّان يجب أن يبقيهما الباحثُ في ذهنه دائماً عند مراجعة الدراسات السابقة، وهما: هل الدراسات المقدَّمةُ جميعها مرتبطةٌ بمشكلةِ البحث

وتدعمها؟ وهل أنا ناقدٌ لهذه الدراسات وأقوم بتحليلها؟ (عبد الفتاح، فيصل 2011:16).

وتكمن أهميَّة هذه الدراسات في مساعدة الباحثِ على اختيار مشكلة البحث، وفهمها، وبلورتها، وتحديد مختلف أبعادها الموضوعية والإجرائية وملامحها، وكذلك توضح الثغرة المعرفيَّة الَّتي يستطيع ملأها بدراسته هذه، كما أنَّ مراجعةَ تلك الأدبيات تُجنِّب الباحث خطأ تكرار الدراسة بلا جدوى أو ضرورة (زيتون، كمال 2004:49)، لذلك يتحتَّمُ على الباحث، قبل أن يتَّخذَ قرارًا نهائيًّا باختيار مشكلة البحث، أن يقومَ بمراجعة البحوث والدراسات ذات الصِّلة المباشرة أو غير المباشرة بموضوع المشكلة الَّتي يدرسها.

وتعني مراجعة الأدبيات، محاولة تحديد وجمع وتصنيف البحوث والدراسات والتقارير المتعلقة بالمشكلة المدروسة، وذلك بهدفِ معرفة الموقف العلميّ الخاصّ بموضوع البحث، وتساعدُ هذه المعرفةُ الباحثَ في تحديد مشكلة بحثه ووصفها بدرجةٍ أكبر من الدقَّة، كذلك في كيفيَّةِ الاستعمالات المنهجيَّة المناسبة لدراسة موضوعه، وبذلك يصبحُ قادرًا على إدراك النقاط الَّتي يجبُ التركيزُ عليها في بحثه أكثر من غيرها. وبمراجعة الدّراسات السّابقة أيضًا يمكنُ للباحث أن يحدِّدَ ما الَّذي يتوقَّعُ أن يضيفَه هو إلى الأدبيات الموجودةِ فعلًا، ومن ثَمّ يساهم في التراكمِ العلميّ في الموضوع الَّذي يهتمُّ به. (غانم، إبراهيم 2008:30).

وما إن يستقرّ الباحث على استخدام منهج معين لمشكلة بحثه، والتأكُّد من معرفة تصميمه جيدًا لكي يحصل على أفضل النتائج، يعاود مواصلة مشواره في القراءة والاطّلاعِ على الأدبيّات والنظريات والبحوث الَّتي تناولَت متغيّرات بحثه. ويجب أن يولي الباحثُ أهميَّةً قصوى لهذه المرحلة، فمن خلالها يكتسبُ المعرفة العلميَّة في كلّ ما يتعلَّقُ بالمشكلة، وعليه أيضًا بعد ذلك أن يعرضَ بأمانةٍ وصدقٍ ما

قام به غيرُه من جهودٍ في مجال البحث، وما توصَّلوا إليه من نتائج، كما عليه أن يوضح للقارئ موقعَ الدراسة الّتي يبحثها من تلك الدراسات الّتي اطلع عليها، كما عليه أن يبيّن ضرورتها وأهميّتها في الحقل المعرفيّ والواقعيّ (كوجك، كوثر 2007:126).

وبعد تجميع المادة، من الضروريّ أن يقومَ الباحثُ باتّباع الخُطواتِ التالية:

1. البدء بتحديد نقاط لمكوِّنات هذا الفصل، فينظِّمُ محتوياته في محاور واضحة ومحدَّدة، ثمَّ يدرج تحت كلّ محور عناصر رئيسة وعناصر فرعيَّة.

2. عندما ينتهي الباحثُ من قراءة مقدارٍ كافٍ من المراجع، يقومُ بتجميع ما يمكنُ أن يحتاجه لدراسته من نصوص وموضوعات، وسيكون مفيدًا أن يسجِّلَ ما جمعَه في بطاقاتٍ ملوَّنةٍ، وأن يرتِّبها طبقًا لمحاور يريدُ أن تتضمَّنها الدراسة، بحيث يكون لكلِّ محورٍ لونٌ معينٌ. وعندما يشرعُ في كتابة الفصل فسوف يجدُ معظمَ ما يريده من محتوى هذا الفصل متوفرًا لديه في هذه البطاقات، وكلّ ما يتطلَّبه هي عملية تنظيمها وفقًا لنقاطٍ متَّسقةٍ منطقيًّا حدَّدها سابقًا.

3. ولضمان الدقَّةِ والاتِّساقِ، يحدِّدُ الباحثُ أوَّلًا تتابع محاور الفصل، ثمَّ يحدِّدُ تتابع الموضوعات داخل كلّ محورٍ، وسوف يكتشفُ عندئذ المحاورَ المستوفاة، كما يكتشف المحاور الضعيفة والّتي تحتاج لمزيد من التدعيم، فيعمل على استكمالها. في كلّ محورٍ من المحاور الّتي تتضمَّن البحوث والدّراسات المرتبطة به، سوف يجدُ الباحثُ أنَّ بعضَ هذه المراجع والدّراسات شديدةُ الصِّلة بمتغيِّراتِ البحث في هذا المحور، بينما البعض

الآخر ضعيفُ الصِّلةِ. وعلى الباحث التركيز على تلك المراجع شديدة الارتباط ببحثه، ويكتفي بإشارةٍ مختصرةٍ للمراجع الأخرى.

4. ينتقلُ الباحث بعد ذلك للمحور الثَّاني ليتناوله بنفس الأسلوب، وهكذا (كوجك، كوثر 2007:128).

معايير مراجعة الأدبيَّات:

هناك بعض المعايير الّتي يجبُ على الباحث أن يلمَّ بها أثناء الكتابة، أهمُّها ألَّا يعتمد على مرجعٍ واحدٍ كمصدرٍ لإجابةٍ حاسمةٍ على تساؤل ما في مجال بحثه، فما المراجع سوى تراكُم لآراء فرديّة، لذا على الباحث أن يوسِّعَ منظورَهُ، ورقعةَ اطّلاعه، ليُلمَّ بما كُتِبَ حول موضوعه البحثيِّ. وعليه أيضًا ألَّا يقتصرَ الاطلاع على القراءة فقط، بل لا بدَّ من القيام بالتَّجميع، والتَّنسيق، والتكامُل والتحليل والنقد.

وفيما يلي بعض المعايير الّتي يمكن الاستعانة بها عند مراجعة الأدبيّات ذات الصِّلة بموضوع البحث، والّتي تتمثَّلُ في عدَّة نقاطٍ كالتَّالي:

- <u>**جودَة الأدبيَّات**</u>: تتحقَّقُ الجودة عندما يحرص الباحث على اللّجوء إلى قراءة كلّ المراجع ذات الصِّلة بالموضوع، وبالمقارنة بينها ستتَّضحُ لديه الرؤية إزاء كلّ مرجع.

- <u>**جودة التحليل**</u>: لا تقتصر مراجعة الأدبيات على الوصفِ فقط، بل تتعدَّاهُ إلى التحليل والنقد، فيما يخصُّ النَّظريات والطُّرق والاستنتاجات الّتي يتضمَّنها المرجع.

- **أهميَّة الموضوع:** يتطلَّبُ التأكُّد من أهميَّة الموضوع التركيز على الأدبيّات الّتي تثير تساؤلاتٍ حول مجال موضوع البحث، وقد تكونُ هذه الأسئلة ذات طابعٍ عامٍّ، إلّا إنَّ لها مضامين يمكن أن تخصَّ المشكلة البحثيَّة.

- **الأسلوب:** يعدُ جودة الأسلوب من أهم الأمور، بما في ذلك الدقَّة والوضوح وعدم التكرار، بما يتماشى مع روح البحث العلميِّ.

- **الموضوعيَّة:** يجب أن يتحرّى الباحثُ عرض آراء الباحثين الّذين سبقوه في موضوعيَّةٍ تامَّة، ويضع كلَّ رأي في المكان المناسب له في الدراسة، مع الالتزام بالتوثيق، والاعتراف بجهد كلّ باحث بالطرق العلميَّة المتبعة، كما سيتمُّ توضيحه لاحقًا.

- **الهدف:** لا بدَّ أن يكونَ الهدفُ الأسمى لأيِّ دراسةٍ هو خدمة الفئة العريضة من القرَّاء في مجال التخصُّص موضوع الدراسة، أو إثراء هذا المجال البحثي، ويكون كحجرٍ يسدُّ فجوةً من فجواته العلميَّة.

ويمكن الحكم على نجاحِ مراجعةِ الباحثِ للأدبيّات في ضوءِ ثلاثةِ معايير، وهي:

<u>أوّلًا:</u> انتقاؤه لمصادر تلك الأدبيات.

<u>ثانيًا:</u> نقدها.

<u>ثالثًا:</u> عرضها مع الاستفادة منها. وسيتمُّ الحكم على هذا البعد في صور الأسئلة التالية:

<u>1- انتقاء الأدبيات:</u>

- هل تأكَّدَ الباحثُ أثناءَ مراجعته لما كتبه من الوضوح؟
- لماذا اختارَ الباحثُ بعضَ ما جاء في مرجع ما، واستبعد بعضها؟
- أيّ السنواتِ ركَّزَ عليها الباحث في دراسته؟

- هل تمَّ انتقاء مصادر أوليَّة وأخرى ثانوية؟

- هل عكسَت الأدبيّاتُ ما طرأ على المشكلة من تطوّراتٍ؟

- هل ترتبط الأدبيّات الّتي تمَّ انتقاؤها ارتباطًا وثيقًا بالمشكلة؟

- هل بيانات كلّ مرجع موجودة بشكل كامل؟

2- <u>نقد الأدبيّات</u>:

- هل تأكَّدَ الباحث أنَّ الأدبيّاتِ مرتبةٌ وفقَ الموضوعات، الأفكار، المؤلفين...؟

- هل تأكَّدَ من أنَّها قد تمَّ تنظيمُها بشكلٍ منطقيٍّ؟

- هل أعطى الباحثُ الأولويّةَ لمناقشة الدِّراسات والنظريات ذات الصِّلة الوثيقة بالتفصيل؟ أو تلاها بدراسات ذات صلة محدودة بالمشكلة؟

- هل استطاع الباحثُ نقدَ التّصميم، ومنهجيّة الدراسات ذات الصلة وأصدر حكمه عليها؟

- هل تمَّت مقارنة الدراسات ببعضها البعض، وتوضيح مدى التقائها وتنافرها (نقاط الاتّفاق والاختلاف)؟

- هل تأكَّدَ من أنَّ ارتباط كلّ مرجعٍ بالمشكلة واضحٌ وصريحٌ، فيتجنب بذلك الخطأ من إمكانيّة استعمال المرجع في غير مكانه؟

3 - <u>عرض الأدبيّات مع الاستفادة منها</u>:

ويتضمَّنُ ذلك عرض الدراسات السابقة، ومناقشة وتلخيص الأفكار المهمَّة الواردة فيها. وأهميَّة ذلك تتَّضح من عدة نواحٍ (غرايبة، فوزي وآخرون 1981:22)، هي:

أ- توضيح وشرح خلفيَّة موضوع الدراسة.

ب- وضع الدراسة في الإطار الصحيح وفي الموقع المناسب بالنسبة للدراسات والبحوث الأخرى.

113

ج- تجنُّب الأخطاء والمشكلات الّتي وقعَ بها الباحثون السابقون، وتضمنتها دراساتهم.

د- عدم التكرار غير المفيد، وعدم إضاعة الجهود في دراسة موضوعاتٍ بُحثَت ودُرسَت بشكلٍ جيّدٍ في دراساتٍ سابقة.

وتساعدُ مراجعةُ الأدبيّات الباحثَ فيما يلي:

1. تحليل المشكلة، وتوضيح ما تضمنتهُ من متغيراتٍ، وتعريفات إجرائيَّةٍ.

2. مراجعة الأدبيات الثانويَّةِ للحصول على نظرةٍ شاملة عن الموضوع، ومساعدة الباحث على تحديد أبعاد المشكلة بشكلٍ أكثر دقَّة.

3. انتقاء المراجع، وقواعد البيانات، وصولًا للأدبيات الرئيسة. (زيتون، كمال عبد الحميد 50:2004).

ومن الأمورِ الّتي يجبُ على الباحث مراعاتها قبل البدء في تجميعِ بياناته، القيام بإعداد مخطَّطٍ هيكليٍّ كإطار مرجعيّ، ومن خلاله يتمُّ تصنيفُ الأدبيَّات المرتبطة بالبحث، فبذلك يكون محتوى البيانات أكثر وضوحًا. وكثيرًا ما يضيفُ الإطار النظريُّ أبعادًا جديدةً قد تغير من تصميمِ البحث وبعض إجراءاته.

ويجب على الباحث التأكُّد من خلوِّ بحثِه من أخطاء شائعة قد يقع فيها، وهي كثيرة ومتعددة، ومِن هذه الأخطاء، قيام الباحث بطريقة القصِّ واللَّصق أثناء كتابة الإطار النظري، فيكتبُ جزءًا من هنا وجزءًا من هناك، ويشيرُ للمرجع دون أي ترابطٍ أو منطقٍ يدلُّ على فهمٍ وتمكُّن الباحث ممّا يكتبُه.

ونتيجة لهذا الأسلوب الخاطئ يتضخَّمُ حجم الإطار النظريّ دون مبرّرٍ، ولا يدلُّ إلَّا على رغبةِ الباحث في وضع كلّ ما جمعه من معلوماتٍ ظنًّا منه أنَّه يُثري بحثه، والواقع أنَّ هذا الكمَّ لا يضيفُ أيَّ قيمةٍ علميَّة للإطار النظري، بل بالعكس، يؤدِّي ذلك إلى إحساس القارئ بالتّيه، وعدم التركيز، وبالتالي انعدام القدرة على المتابعة والفهم.

وتوجد أيضًا أخطاءٌ شائعةٌ ومحاذيرُ يجبُ الانتباه إليها عند عرض أدبيَّات ودراسات سابقة، حيث يلتزمُ الباحث بأسلوبٍ واحدٍ، فيبدأ كلّ فقرةٍ بنفس الجملة، ويعطي مساحةً متماثلة لكلِّ موضوع، ورغم أنَّ هذا النمط في الكتابة يبدو منظَّمًا إلَّا إنَّه مملٌّ وغيرُ مفيد.

وفي الحقيقة فإنَّ كلَّ موضوع قد يختلف عن غيره من حيثُ الأهميَّة ومدى ارتباطه بالبحث الحالي، ممّا يتطلَّبُ مساحات مختلفة في التناول والمناقشة لكلِّ موضوع من تلك الموضوعات.

كما يقعُ بعض الباحثين عندَ كتابةِ الإطار النظريّ في خطأ اعتقاداتهم في كمّ الاقتباسات وتكرارها في فقراتٍ متتالية، يربطُها بجملةٍ أو جملتين. ومن المفضَّل أن تكون الاقتباساتُ متَّسقةً ومتجانسةً مع المتن الَّذي يكتبُه الباحث، فكثْرة الاقتباسات غالبًا ما تكون مصدرًا للملل لدى القارئ، كما أنَّها قليلةُ الفائدة (كوجك، كوثر 128-29 : 2007 وأحيانًا يخلط الباحث بين ما يعتبر اقتباسًا مباشرًا من هذه المراجع وبين ما يعتبر قراءاتٍ استفاد الباحث ممَّا ورد فيها من أفكار (العزاوي، رحيم 215:2000).

وهناك قواعدُ ينبغي مراعاتُها من قِبَل الباحث عندَ الاقتباس، يمكن الإشارة إلى أهمِّها فيما يلي:

1. اقتباس جملٍ معينة تفي بغرض الباحث.

2. المحافظة على النص المقتبَسِ بكلماته وحروفه وإملائه وأرقامه.

3. وضعُ ثلاث نقاطٍ متعاقبة (...) عند نقطة نهاية الجملة في حالة الاستغناء عن بعض الجمل والعبارات الّتي يرى الباحث أنَّه ليس بحاجةٍ إليها ويريدُ إهمالها، وفي حالة ترك فقرة كاملة من النص المقتبس يتطلَّبُ وضع سطرٍ كامل من النقاط المتعاقبة (..........).

وعلى الباحثِ أن يفرّقَ بين كمِّ المراجع الّتي يجمعها، وبين القيمة الفعليَّة لها من حيثُ ارتباطها ببحثه ومدى استفادته منها، عليه ألّا يجعل الكمَّ يطغى على القيمة. ومن الخطأ أيضًا الاكتفاء بالمراجع الثانويَّة بدلًا من محاولةِ الوصول إلى المصادر الأصليَّةِ، كذلك فإنَّ إهمال الباحث تدوين ما يصلُ إليه من مراجعٍ فور الاطِّلاع عليها قد يتسبَّبُ في نسيانها عندما يحتاج إليها عند كتابة الرسالة، ممَّا يضيع كثيرًا من الوقت والجهد.

ويفقدُ البحثُ قيمته أيضًا، عندما يركِّزُ الباحثُ على نتائج الدراسات الّتي يجمعُها دون التعمُّقِ في فهمٍ وتحليلٍ منهج البحث والأدوات المستخدمة، والأساليب الإحصائيَّة الّتي استخدمت لاستخلاص النتائج، وقد يؤدِّي ذلك إلى قلَّةِ الإفادة من البحث أو تفسير نتائجه تفسيرًا خاطئًا أو قاصرًا (كوجك، كوثر 70-2007).

وقد أصبح استخدام الإنترنت للحصول على الكثير من الأدبيَّاتِ والمراجع المرتبطة بموضوع البحث أمرًا مفيدًا، ولكن على الباحثِ أن يتوخَّى الحذرَ عندما

يلجأُ إلى هذه التكنولوجيا المتقدِّمة، وأن يكون انتقائيًّا فيما يحصل عليه من مراجع، دون الوقوع في خطأ الاهتمام بالكمِّ على حساب الكيف. فالانتقاء مهمٌّ مهما كانت مصادر المادة. ومن الأمور المهمَّةِ أن تكونَ الدراساتُ الّتي يبحث عنها مطابقةً لبحثه، ولا تنتمي لمجتمعاتٍ مختلفة، الأمر الّذي يمكنُ أن يسيءَ إلى البحث بدلًا من تدعيمه.

وأحيانًا نجد خطًأ شائعًا في عرض الدراسات السابقة، وهو اقتناعُ العديد من الباحثين أنَّ عرضها يمثِّل إقناعًا للقارئ أنَّه عَالِمٌ بأعمال الآخرين، حيثُ يترتَّب عليه حشو فصل الدراسات السابقة بأعمال ربَّما لا تكون لها علاقة مباشرة بمشكلته. ومن الأخطاءِ المتكرِّرة أيضًا، تركيز أغلبُ الباحثين في نقدهم للدراسات السابقة على كشف العيوبِ، أو تحديد نواحي النقص والضعف فيها.

فمراجعة البحوث السابقة ليس مجرَّد تجميع لنتائجها، وإنَّما هي مناقشة مثمرةٌ متماسكة تقودُ إلى ربط المشكلة بالتاريخ البحثيِّ للموضوع الّذي تنتمي إليه، فأحدُ أهداف الدراسات السابقة إقناع القارئ بأهميَّةِ وشرعيَّةِ القيام بهذا البحث، وذلك عن طريق تقديم أدلَّة منطقيَّة كافية ودعم إمبريقي لسير الدراسة (أبو علام، رجاء 2011:689).

كما يقومُ الباحث بجمع كلِّ ما يرتبط ببحثه من بحوث ودراسات ونظريات، على أساس أنَّه يجمعُ كلَّ ذلك ليضعه في فصلٍ مستقلٍّ بعنوان الدراسات السابقة، وهذا خطًأ كبيرٌ، وسوءُ فهمٍ لهدف تجميع هذه الأدبيَّات، فيقوم الباحث بهذه العمليَّة وكأنَّهُ مكلَّفٌ بعمل أرشيف لما كُتِبَ حولَ موضوع بحثه، فتفقد هذه الأدبيات دورها في الموضوع الّذي يبحثه، وتوضع في عزلةٍ عن باقي فصول الرسالة. وبعكس ذلك يتصوَّرُ الباحث أحيانًا أنَّ ما تمَّ جمعُه من أدبيَّات وما راجعه من بحوثٍ في مرحلةِ إعداد خطَّة البحث، كافيًا للبدء في إجراءات بحثه، فلا يبذل جهدًا

في العثور على المزيد من المراجع المفيدةِ والأفضل والأحدث والأكثر ارتباطًا. (كوجك، كوثر 2007:71).

ومن الأمورِ الّتي تُضعِفُ البحثَ، هو القصور الشديد في قدرات الباحثين على التمييز بين الغثِّ والسمين في الأدبيات المتَّصلة بموضوعِ البحث، ويزدادُ حجمُ المشكلة ومستوى تعقيدها عندَما يتصوَّرُ الباحثُ أنَّ كلَّ ما دفعت به المطابع ودور النشر إلينا موثوقٌ به وله مصداقيّةٌ لا تنكَرُ. وهذا الوهمُ يدفع الباحثين إلى الاقتباس من كلّ ما يقع تحت أيديهم من معلوماتٍ متَّصلةٍ بمشكلة بحثهم دون فحصٍ وتمحيصٍ، والنتيجة بحوث ذات مستوى علمي متواضع، ونتائج بحثيَّة مهترئة، وتفسيرات للنتائج متَّسمة بالسذاجة، وهذا هو حالُ الكثير من البحوث الّتي نشاهدها والّتي تتطلَّبُ بذل الاهتمام والحذر من الباحثين لتفاديها. (لطفي، سامية 2011:10).

ومن الأجزاء المهمّةِ في الإطار النظريِّ والّتي يجب أن يتناولها الباحثُ بكثيرٍ من الحذر والدقَّةِ، هي أن يجعلَ مقدِّمَة البحثِ كالمرآة الّتي تعكسُ محتوى ما تشتمل عليه الدّراسة باختصارٍ متقن ووضوح سلس، فما هي خصائصها وما هو مضمونها؟

المقدّمة، الخصائص والمضمون:

المقدمةُ ما هي إلّا تقريرٌ بحثيٌّ يبرِّرُ دراسةَ المشكلة، وكيفيّةَ تناولها وفق خلفيّةٍ لا تخرج عن سياق الموضوع، بالإضافة إلى ذِكرِ هدف الدراسة الّذي يجب ألّا يزيدَ بيانُه عن ٢٥ كلمةً كحدٍّ أقصى حفاظًا على الوضوح والبساطة، وعلى الباحثِ أن يشرحَ في المقدِّمة سببَ اهتمامه بمشكلة البحث، ومدى ارتباطها بمجالِ الموضوع العامّ، وما هي الفجوةُ في المعرفة الّتي قد يملؤها البحثُ، وبالتالي، فإنَّ المراجعةَ

الأوليَّةَ للأدبيات قد تُصبحُ عمومًا جزءًا من المقدِّمة في البحث "الكيفيّ Qualitative"، يمكن أن يشملَ البحثُ تجاربَ الباحثِ الخاصَّة كسببٍ لاختيار الموضوع. (Holloway 1997).

وأحيانًا تكونُ المقدِّمة هي الفصلُ الأوَّل، وتتضمَّنُ كلّ العناصر الَّتي تضمنتها خطَّةُ البحث، وخاصَّة في حالة الدراسات الجامعيَّةِ، من صياغةٍ واضحة لمشكلة الدراسة وتساؤلاتها وفروضها ومسلَّماتها، وكذلك حدودها وأهميَّتها والمنهج والإجراءات المتَّبعة. ومن العناصر المهمَّةِ في هذا الفصل تعريف المصطلحات الرئيسة المستخدمة في الدِّراسة، مع الحرص على أن يكونَ استخدامُ اللّغة هنا بصيغة الماضي.

وبالنسبة لطلبة الدراسات العليا، تشبه المقدِّمَة إلى حد كبير خطَّةَ البحث الَّتي تقدَّمَ بها الطالب لتسجيل رسالته العلميَّة، ولكن يجبُ ألَّا يكتفي الطالبُ بتقديم نسخة منها، أو الاعتماد على تلك الخطَّة كثيرًا، فالمفترض أنَّه قد مرَّت سنواتٌ على كتابتهَا. ولا شكَّ أنَّ معلوماتٍ ومدارك ووعي الطالبِ قد نمَت وتعمَّقَت نتيجةَ القراءات الكثيرة للموضوع، والخبرات الَّتي مرَّ بها خلال دراسته للمشكلة، ويصبح من غير المفيد أن يستشهدَ بدراساتٍ تقادمَت، ونظريات تطوَّرت، بل يجبُ أن تكونَ مقدِّمَةُ الرسالةِ انعكاسًا واضحًا لما اكتسبَه الطالبُ من معرفةٍ وخبراتٍ في مجال تخصُّصهِ.

لذلك تنصح (كوجك) الباحثَ بعد الانتهاء من كتابةِ النسخة الأولى من المقدِّمة أو الفصل الأوَّل أن يتركَه جانبًا، إلى أن ينتهي من باقي فصول الرسالة، ثمَّ يعودُ مرَّةً ثانية، وبعينٍ أعمق رؤية، وبفكرٍ أكثر نقدًا، يقرأ هذا الفصل، وسوف يجدُ أنَّه يريد إجراء بعض التعديلات فيه، ليحقِّقَ اتّساقًا بين فصول الرسالة كاملة، وتصبح

الرِّسالةُ عملًا علميًّا متكاملًا. ولهذا نقول إنَّ الفصلَ الأوَّلَ في الرسالة أوَّلُ فصلٍ يبدأ
به الباحث، وهو أيضًا آخرُ فصلٍ يُنهي به كتابته. (كوجك، كوثر 126:2007).

وفي الختامِ يجب ألَّا يغيبَ عن بال الباحثِ أنَّهُ لكي يكونَ هناك معنًى وهدفٌ
للإطار النظريّ، يجبُ عليه أن يرتّبَ الأدبيَّات والدراسات المرتبطة بكلِّ محورٍ يتناوله
في كلِّ فصلٍ بطريقةٍ منظَّمةٍ ومتناسقةِ المعنى في تسلسلها المنطقي، وأن يتجنَّبَ
الحشوَ لأعمالٍ وكتاباتٍ لا يوجد ما يربط بينها بوضوحٍ وليس لها قيمة تطبيقيَّة.
ويعكس هذا الأسلوب العلمي إدراك الباحث لأبعادِ متغيرات الدراسة وعلاقاتِها
المتبادلة، وهكذا يصل الباحثُ إلى فكرةٍ واضحة عن مشكلته البحثيَّةِ والتمكُّن من
المعرفة السليمة للأدبيات ذات الصلة، ويسهل ذلك الانتقال السلس للبدء في كتابةِ
الإطار التجريبيّ واختيار الأسس المنهجية والأدوات المناسبة لجمع المادة.

الفصلُ الخامس
التَّوثيقُ في البحث العلمي:
أشكالُه وآليَّاته

يُعتبَر تنظيم عملية التوثيقِ وتحديد منهجيَّته الّتي يجبُ أن تسبقَ إعداد البحث، **من** المهام الضروريَّةِ الّتي على الباحث ألَّا يتجاهلها؛ يليها استعدادُ الباحث الالتزام بالأمانة العلميَّة في النقل، والاعتراف لصاحبِ الفكرة أو النظريَّةِ الّتي يشيرُ إليها في ثنايا البحث أو في الهوامش، بذكر المصادر والمراجع التي استخدمها.

<h1 style="text-align:center">التّوثيق العلميّ:</h1>

<h1 style="text-align:center">(Scientific Documentation)</h1>

لا شكَّ أنَّ عملية التوثيق العلمي أمرٌ في غاية الأهميَّة. وهي إحدى الخصائص الرئيسة في البحوث العلميَّة للدِّراسات الاجتماعيَّة.

يتكوَّن التوثيق مِن قسمين: أوَّلهما التوثيق في متن البحث، والآخَر يكونُ على هيئةِ قائمةٍ تشتملُ على كلِّ المصادر والمراجع، توضعُ في نهاية البحث بتسلسُلٍ هجائيٍّ أو أبجدي، وسيتناول هذا الفصل أهمَّ النقاط في التّوثيق العلميّ وأشكاله.

تعريفُ "التوثيق في البحث العلميّ"، وأهميَّته:

التّوثيقُ العلميُّ باختصارٍ هو أحدُ العلومِ الّتي تختصُّ بحفظ المعلومات ونقلها بطرقٍ محدَّدةٍ لكي يتمَّ استخدامها كمراجعٍ في كتابات أخرى.

وتكمنُ أهميَّة التوثيق العلميّ، في إثبات المعلومات وإرجاعها إلى أصحابها توخيًا للأمانة العلميَّة، واعترافا بجهد الآخرين وحقوقهم العلميَّة.

وجاء في الموقع الإلكتروني (ecsme.ksu.edu.sa)، أن التوثيق علميًا يشمل الكتبَ والمخطوطاتِ والصحفَ والمجلاتِ، وما تحتويه وسائل الإعلام، الإذاعيّ منها والمصوَّر، والّتي غالبا ما يتمُّ استخدامها في الأبحاثِ والتقارير الجديدة الّتي تهتمُّ بالأحداث المستجدَّةِ في المجتمع.

ويشيرُ موقع مبتعث الإلكتروني (mobt3ath.com) إلى مفهوم التوثيق على أنَّه: " الإشارة إلى مصدرِ المعلومة أو البيان الّذي أوردَهُ الباحثُ العلميُّ في البحث أو الأطروحة، للحفاظ على مجهوداتٍ وحقوق المؤلفين الأصليين". ويضيفُ نفسُ الموقع إلى تعريفٍ آخرين، على أنَّ: " التوثيق هو أحدُ العلوم التطبيقيَّة الّتي تهتمُّ بتبويب وتنسيق المعلومات الّتي يُستعان بها في خطَّةِ البحث العلميّ؛ لحفظ نواتج الإبداع الذهنيّ البشريّ".

ولم تقتصر التعريفات على ذلك، حيثُ يشير أيضًا موقعُ "المبتعث الإلكتروني" إلى المفهوم الحديث للتوثيق، فيرى أنَّ التعريفَ الاصطلاحيَّ لتوثيق المراجع في البحث العلميّ يخضعُ للتغيُّرات وفقًا لتغيرِ الظروف والأزمنة، ووفقًا لوسيلةِ استباق المعلومات الّتي يتحصَّلُ عليها الباحث، بدءًا من الطُّرقِ التقليديَّة كالكتب والصحف والمجلات، وانتهاءً عن طريق المواقع الإلكترونيَّة.

ومن هذا المنطلقِ يمكنُ وضع تعريفٍ حديثٍ، مفاده: التوثيق هو "الحصولُ على المعلومات عن طريق الكتبِ الورقيَّةِ أو النصوص الإلكترونيَّة، ثمَّ بعدَ ذلك ترتيبها بأسلوبٍ منهجيٍّ وفني؛ من خلال التصنيف والفهرسة".

وتتجلَّى أهميَّة التوثيق، فيما يلي:
- ممارسة وتعزيز أخلاقيَّات البحث العلميّ.
- زيادة الثقةِ في النتائج التي توصَّلَت إليها الدراسة، أو في وجهة النظر المطروحة في مناظرةٍ ما.
- تنمية المعرفةِ وبناؤها مِن خلال زيادة المعلومات وتراكمها وتبويبها.

أمّا أسباب التّوثيق فتعود إلى:
- الحرص على الأمانة الأكاديميَّةِ من خلال المعرفة الّتي تستمدُّ من الآخرين.
- تقليل الوقت الّذي يمكنُ أن يستغرقَهُ الباحثُ والقارئُ بحثًا عن المعلومات، وذلك لسهولة الرجوع إلى المصدر من قائمة المراجع والمصادر.
وعادةً تتعدّدُ طرقُ استخدام التوثيق وأماكن كتابتها، في المتون أو في الهوامش، أو الحواشي والتذييلات، كما تسمى أحيانا، ولكلٍّ منها مُبرراتٌ للاختيار، وتعتبرُ طريقة الهوامش من أقدمِ الطُّرق الّتي تمَّ استخدامها في التوثيق.
وأحيانًا توضعُ الهوامش في أسفل كلّ صفحةٍ للبحث العلمي، كما يمكن وضعها في نهاية كلّ فصلٍ، وهناك أيضًا من يجعلها في نهاية الكتاب، قبل أو بعد قائمة المراجع، (البيبيوغرافي).
والهوامشُ كما يشير إليها موقع "مكتبتك الإلكترونيّ"، هي جزءٌ من متن البحث يطلق عليه عادةً اسم الحواشي وتُستخدم بشكل أساسيٍّ لتوضيح فكرةٍ جاءت في

سياق المتن، أو توثيق فقرة تمَّ نقلها من مرجع معين، يتمُّ ذكره وفقًا لهذه الطريقة في الهوامش.

وتأتي أهميَّة الهوامش طبقا لما يراه فريق موقع "مكتبتك الإلكترونيّ"، كالتّالي:

- توضيحُ النقاط والعبارات الّتي يتمُّ ذكرها داخل المتن، دون قطع تسلسُل أفكار القارئ.

- تعريف اسم شخصية عامة أو علم تمَّ ذكره داخل المتن، وقد يكونُ غامضًا للبعض.

- تفادي ذكر أسماء المراجع وأرقام الصفحات داخل المتن، ووضعها في الهوامش، مع الاكتفاء بذكر تسلسُلٍ رقميّ لها.

- توضيح أصول بعض العبارات أو الجمل.

- وضع بيانٍ لكلِّ المراجع الّتي تمَّ استخدامها داخل المتن، تأكيدًا على مصداقيَّة الباحث.

كذلك يشير: الدكتور عمر محمد زيان إلى بعض أشكال الهوامش، نذكرُ منها ما يلي:

1. الاقتباس المباشر.

2. ذكر الآراء والتفسيرات الأصليَّة لنظريةٍ أو فكرةٍ ما.

3. في حالة استخدام الاحصائيات والبيانات.

4. في حالة التعليق أو شرح الاصطلاحات العلميَّة أو الفنيَّة أو ترجمة قصيرة لأمرٍ مرتبط بالبحث، أو لإضافة بعض التفاصيل عن نظريةٍ تستدعي الضرورة إعطاء فكرة عنها، ويساعد ذلك في تجنُّب إعاقة تسلسلِ المناقشة لو ذكرت في متن البحث (415:2002).

وتتنوَّعُ أشكالُ التوثيق وكيفيَّة استخدامها، وأسباب تنوعها؛ سنشير إلى أهمِّها في هذا الفصل، وغالبًا ما يخضع استخدامُ التوثيق إلى رغبة الباحثِ، أو وفقًا للنِظام المتبع في جهة المؤسَّسة البحثيَّة الّتي يعمل من خلالها. وقد لا يضير الباحث أن يستخدمَ في بحثه كلا النوعين من عمليات التوثيق في نفس البحث، بحيث يستخدمُ في متن البحث اسم المؤلف الأخير يتبعه بفاصلة، ثمَّ سنة الإصدار، وأحيانًا رقم الصفحة، ويضعُها بين قوسين، وفي نفس الوقت يشير في الهوامش إلى معلوماتٍ توضيحيَّةٍ قصيرة، حرصًا على عدمِ تشتُّتِ انتباه القارئ إذا ما كُتِبَت في المتن دونَ أن تكونَ لذلك ضرورة.

وتشكلُ كلّ من المصادر والمراجع عصبَ التَّوثيق وفحواه. وأحيانًا يختلطُ على الباحثين المعنى ولا يفرِّقون بين المصدر والمرجع، ويشيرون إلى أيّ منهما كمرادفٍ للآخر.

ويفرِّقُ عبود العسكري بين المصدر والمرجع، فيعرِّفها كالتالي:
"المصدر: هو الكتاب الّذي تجدُ فيه المعلومات والمعارف الصحيحة من أجل الموضوع الّذي تريد بحثه"، ويعتبره بذلك مرجعًا أوَّليًّا.
أمَّا المرجع: هو "مصدرٌ ثانويٌّ، أو كتابٌ يساعدُكَ في إكمال معلوماتك والتثبت من بعض النقاط والمعلومات الّتي يحويها تقبُّل الجدل" (19:2016).
ولكي يتمَّ إدراك الفروق بين المصدر والمرجع، يجبُ إلقاء مزيد من الضوء عليهما.

المصادر والمراجع

بعدَ طرح مشكلة الدراسة، يلجأُ الباحث إلى إعداد المصادر والمراجع، وهي تشكِّلُ أهميَّةً في استقاء مادَّة البحث واستخدامها طبقًا للقوانين العلميَّة الَّتي اعتمدها، وعليها يتمُّ تقييمه ومعرفة مدى أهميَّته، مع الأخذ في الاعتبار الالتزام بالتوثيق الجيِّد وحداثة المصادر أو المراجع. ويحتلُّ الحصول على المصادر المرتبة الأولى من اهتمام الكُتَّاب والباحثين، حيث الحاجة الماسة للاطِّلاع على كمٍّ هائلٍ من المصادر والمراجع بمختلف أنواعها، والاحتياج إليها في كلّ مراحل الكتابة من تجميع وتصنيف وتفسير وتحليل، وهنا علينا أن نفرِّقَ بين المصادر والمراجع:

1- المصادر، أو المصادر الأوَّليَّة: هي الَّتي يرجع إليها الباحث لتوثيق المعلومات المكتبيَّةِ الَّتي يحصل عليها، ويقصد بها تلك الكتب الَّتي تحتوي على المادة الأصليَّةِ لموضوع ما، وتشمل "المخطوطات القَيِّمة الَّتي لم يسبق نشرها، والوثائق، ومذكِّرات القادة والساسة، وحيثيَّات الحكم المسبِّبَة للأحكام القضائية والتاريخيَّة، والكتب الَّتي شهد مؤلِّفوها الفترة الَّتي هي موضوع البحث". (الدويدري، رجاء2000:359).

وتكون المصادر ذات موثوقيَّةٍ عالية تضيفُ إلى البحث العلمي قيمةً، وكلَّما بادر الباحث في اللجوء إليها وازداد اعتماده عليها واستوعبها جيّدًا، اكتسب مزيدًا من المعرفة الَّتي من شأنها أن تصقلَ بصيرته، وتقوِّي مداركه وفهمه للأمور. (ميرزا، غريب وآخرون2016:119).

2- <u>المراجع، أو المصادر الثانويَّة</u>: وتعتمد في مادَّتها العلميَّة على المصادر الأصليَّةِ الأولى، وهناك من يقول: إنَّ كلمةَ (المراجع) تعني كلَّ شيءٍ رجع إليه الباحث، وفي نفس الوقت يطلقُ البعضُ كلمةَ مصدرٍ على كلا النوعين، فلا يفرِّقون بين المصادر والمراجع. لكن ما من شكّ فيه أنَّ البحث الأصيل هو الّذي يعتمد على المصادر الأصليَّة. (الدويدري، رجاء359:2000).

والمراجع هي الكتب والأبحاثُ الّتي تناولت موضوعًا ما مستمدًّا من مصادر أصليَّة، لذلك يصحُّ القول عليها: "إنَّ كلَّ مصدرٍ مرجعٌ، والعكس ليس بصحيح". وكلَّما اشتملت المراجع في موضوعات أبحاثها على شروحاتٍ وتعليقات وتحليلات، رفع ذلك من قيمتها، بشرط أن يشيرَ الباحثُ إلى المراجع الّتي استقى منها مادَّته لاستخدامها في بحثه، وخاصَّةً في حال الاقتباس. وذلك خشية أن تكون المراجع الّتي نقل عنها قد أساءت فهم المعلومات والأفكار الواردة في المصادر الأصلية، أو أضافت إليها، أو أنقصت منها. (ميرزا، غريب وآخرون120:2016).

وبعودة القارئ أو الباحث للمراجع التي نقل عنها، إذا ما انتابه الشكُّ فيما كتب، يستطيع أن يتأكد من صحة المعلومات الّتي حصل عليها، ويتجنَّب بذلك الوقوع في خطأ النقل.

3- وإلى جانب المراجع والمصادر الورقيَّةِ المتواجدة في المكتبات ومراكز البحوث ودور النشر، فإنَّ الرجوع إلى التقنيَّات الإلكترونيَّة للحصول على المراجع تعتبر في غاية الأهميَّة؛ ذلك لتمكين الباحث على سرعة الحصول على ما يحتاج إليه من مادَّةٍ بحثيَّةٍ، والموجودة بوفرة في أغلب الأحيان في الشبكة الإلكترونيَّة؛ لذلك يوصف الإنترنت أحيانًا بمكتبة العالم في العصر الرَّقميّ، وتعرف الشبكة العنكبوتيَّة للإنترنت اختصارًا بـ"الويب" (www)، الّتي تعني "world wide web"، وكذلك

(URL)، Uniform Resource Locator ، ويعرف بمحدد المصدر الموحد، وهو يشير إلى وجود الملف.

ويمكن استغلال شبكة الإنترنت في البحث العلمي وإعداد الرسائل والأبحاث والمؤلفات وغيرها، فالشبكة بمثابة وعاء ضخم يختصُّ بالمعلومات الّتي تتضمَّنُ جميع فروع المعرفة الإنسانيَّة، كما تمكِّنُ الشبكة الباحثين من الاطّلاع على القواميس والموسوعات والاقتباسات.

نصائحُ للباحثين يجبُ مراعاتها عند اختيارهم المصادر والمراجع:

عادةً في مرحلة إعداد الباحث للمصادر والمراجع، يقوم بمتابعة وتفحُّص كلّ ما كتب حول الموضوع الّذي يدرسه، وأثناء تلك المرحلة، من المفيد مراعاة ما يلي:

1. يُستحسنُ التأكُّد من أنَّ المصدر أو المرجع يعود لمؤلِّفٍ متخصِّصٍ في الموضوع، ومعاصرٍ للحدث الّذي يكتب عنه.

2. التأكُّد من مكانة وسمعة دار النشر الّذي صدر عنها الكتاب، لأنَّ دور النشر المعروفة عادةً لا تنشر إلَّا الأعمال الجيّدة.

3. الحرص على إعطاء الأولويَّة للمصادر والمراجع الحديثة، لأنَّ أصحابها سيكونون أكثر مواكبةً لكلِّ مستجدٍ على موضوعات أبحاثهم، عن مراجع كتبها مؤلفون ينتمون إلى حقبةٍ زمنيَّةٍ سابقة.

4. يُستحسنُ أن يستخدم الباحث مصدرًا أو بحثًا معلومَ التاريخ والطبعَةِ، وأن يستخدمَ نفس الطّبعة في نفس البحث كلّه، ولكن عندما يضطرُّ لاستخدام طبعتين لنفس المصدر أو المرجع، عليه أن يحدِّدَ الطبعة الّتي يستسقي منها معلوماته في كلِّ اقتباسٍ له منها.

5. على الباحث أن يختبر جودة المصادر والمراجع الّتي تمَّ اعتمادها بواسطة كاتب، يريد هو نقلها عنه، وذلك خشية من وجود بعض منها لا تتمتَّعُ بالدقَّةِ أو الموضوعية أو الأمانة العلميَّة، وذلك لأسبابٍ قد تتعلَّقُ بانحياز أصحابها لأفكارٍ دينيَّةٍ أو سياسيَّةٍ مغايرةٍ، أو غيرها. (ميرزا، غريب وآخرون 119:2026).

6. يفضل ألّا يذكر الباحث في قائمة المراجع، أي مصدرٍ أو مرجعٍ استفاد منه عرضيًّا ولم يمتّ بصلةٍ مباشرةٍ إلى موضوع بحثه، ولكن يمكنُ الاكتفاء بذكرها في الهوامش في سياق البحث. مثلًا، "إذا احتاج الباحث ذكر آيةٍ من القرآن في دراسة فلسفيَّةٍ فإنَّه يكتفي بتوثيق ذلك في الحاشية فقط، دون أن تكون هناك حاجة إلى ذكر القرآن الكريم في قائمة المراجع". (ميرزا، غريب وآخرون 122:2016).

منهجيَّة التَّعامُل مع المصادر والمراجع:

تشكِّلُ المراجع أهميَّةً بالغةً لا غنىً عنها في أيِّ بحثٍ، وتُعتبَر الرّكن الأساسيّ للإطار النظري في البحث العلمي، فلا معنى لأيِّ عملٍ بحثيٍّ دون الرجوع إلى الأعمال السابقة المتعلِّقةِ بالموضوع، والّتي تناولها الباحث بالتقصي والتنقيب.

أساليب توثيق المراجع والمصادر:

تتعدَّدُ طرقُ توثيق البحث العلميِّ وتختلف فيما بينها، وتبدو هذه الاختلافات جليَّةً من خلال استعراض الكتب والدَّوريّات والرسائل الجامعيَّة وغيرها، وغالبًا ما يتحدَّدُ أسلوب التوثيق ضمن معايير النشر المعتمدة لدى كلّ جهةٍ.

وفيما يلي ننقلُ أمثلةً متعدّدةً، لثلاثة نماذج من التوثيق لعدَّة مصادر ومراجع بجميع أشكالها، نقلتها بأقلِّ قدرٍ من التصرُّف عند الضرورة، مع التركيز على طريقة التوثيق طبقًا لنظام "جمعية علم النفس الأمريكية (APA)"، والّتي سأقوم باعتمادها في هذا الكتاب قدر الإمكان، وذلك لكي يتسنَّى للباحث المقارنة بين كلِّ منها، ويبني قراره باختيار ما يناسبه:

أوَّلًا: نماذج تمَّ نقلُها عن كتابٍ للدّكتور عبود العسكري (2016) لتدوين المصادر والمراجع بجميع أشكالها:

1.   كتابة مصدرٍ مِن إعداد مؤلفٍ واحدٍ:

- الحكيم، د. سعاد: المعجم الصوفي، الحكمة في حدود الكلمة، ط1 (بيروت، مؤسسة ندرة للطباعة والنشر: 1981).

- العسكري، د. عبود عبد الله: أصول المعارضة السياسية في الإسلام، ط1، (دمشق، دار النمير: 1997).

- حمادة، محمد ماهر: المصادر العربية والمعربة. ط٣، (بيروت، مؤسسة الرسالة: 1982).

2.   عندما يتألَّفُ المصدر من أكثر من مؤلفٍ واحدٍ، تُذكر أسماؤهم كافَّة بالترتيب:

- غرايبة، فوزي، ونعيم دهش، وربحي الحسن، وخالد أمين عبد الله، وهاني أبو جبارة: أساليب البحث العلميّ في العلوم الاجتماعيَّة والإنسانيَّة. ط2. (مكة المكرمة: 1982).

3.   عندما لا يعرف اسم المؤلِّف، فيبدأ المرجع بِاسْم الكتاب كالتَّالي:

- رسائل إخوان الصفاء وخلَّان الوفاء، د. ط (بيروت، دار صادر للطباعة والنشر ودار بيروت: 1957).

4.   وفي حال وجود تحقيق أو تعليق أو ترجمة للمصدر فإنه يوثَّق كالتَّالي:

- الدامغاني، الحسين بن محمد: إصلاح الوجوه والنظائر في القرآن الكريم، تحقيق وترتيب: عبد العزيز، ط1 (بيروت. دار العلم للملايين:1970).

5.   إذا تعاون على التحقيق شخصان أو أكثر، يدوَّن اسمهما بحسب الترتيب بالكتاب كما يلي:

- الجويني، أبو المعالي عبد الملك بن عبد الله، المشهور بإمام الحرمين: الشامل في أصول الدين، تحقيق وتقديم: علي سامي النشار، وفيصل بدير عون، وسهير محمد مختار. د. ط. (الإسكندرية، منشأة المعارف: 1969).

6. مصدر من إعداد هيئة علميَّة:

أ- يدوِّن اسم الهيئة العلميَّة بدلًا من اسم المؤلِّف.

ب- يتبع بعد ذلك من الخطوات كلّ ما يتبع في تدوين المصادر كما سبق.

- المجلس الأعلى لرعاية الفنون والآداب والعلوم الاجتماعيَّة بمصر: أبو حامد الغزالي في الذكرى المئوية التاسعة لميلاده. د. ط. (القاهرة، المجلس الأعلى لرعاية الفنون والآداب والعلوم الاجتماعيَّة: 1962).

7. مصدر من جمعِ بعض المحقِّقين:

- تأليف جماعة مِن كبار العلماء والأطباء في جامعات أوروبا وأمريكا: طبيبك في بيتك (بيروت، دار مكتبة الحياة، 1966).

8. الكتب المترجمة: يشار إلى اسم المترجِم بعد عنوان الكتاب كما يأتي:

- ميروفيتش، إيفادي: جلال الدّين الرُّومي والتصوُّف، ترجمة: د. عيسى المعاكوب، ط.1،(مؤسسة الطباعة والنشر، وزارة الثقافة والإرشاد الإسلامي، طهران: 2000).

9. المسلسلات الثقافيَّة: مثال سلسلة عالم المعرفة الَّتي تصدرها وزارة الإعلام الكويتية، وهي كما يأتي:

- كون، توماس: بنية الثورات العلميَّة، ترجمة: شوقي جلال. عالم المعرفة، 186، (الكويت، المجلس الوطنيّ للثقافة والفنون والآداب، جمادي الآخر 1413 هجرية/ ديسمبر 1992.

10.   القصص والمسرحيَّات:

- سراج، حسين. غرام ولادة. د. ط. (مصر. دار المعارف: د. ت).

11.   القصائد المختارة، والمجموعة في كتاب:

- البارودي، محمود سامي: مختارات البارودي. د. ط. (بيروت، دار العلم للجميع، بغداد، دار البيان: د.ت)، أربعة أجزاء.

12.   المعاجم اللغويَّة:

- ابن منظور، محمد بن مكرم (ت 711 هجرية): لسان العرب. د. ط. (القاهرة، بولاق: 1299 هجرية)، 20 ج.
- ابن فارس، أبو الحسين أحمد (ت 395 هجرية): مقاييس اللّغة، تحقيق: عبد السلام هارون. د. ط. (القاهرة، دار إحياء الكتب العربية: 1366 هجرية).

ثانيًا: نماذج تمَّ نقلها من موقع المبتعث الإلكتروني بأشكالها المتعددة:

توثيق المراجع في البحث العلميّ لمؤلِّفٍ واحدٍ:

مثال: قام السنوسي (1990) بدراسة مختصرة حول...

توثيق المراجع لمؤلفين:

مثال: قام السنوسي والقاسمي (1996) بدراسة مختصرة حول...

توثيق المراجع لثلاثة من المؤلفين أو أكثر:

في حالة ذكر المرجع للمرَّة الأولى، يتمُّ ذِكر جميع المؤلفين.

مثال: قام السنوسي والقاسمي والسعدي (1970) بـ...

في حالة ذكر المرجع للمرَّة الثَّانيَّة، يتمُّ ذكر المؤلف الأوَّل ويتبع بكلمة (وآخرون).

مثال: قام السنوسي وآخرون (1950) بـ.....

في حالة الاقتباس النصيّ لفقرة من مرجع:

في حالة كون النص أقلّ من أربعين كلمة تتمُّ كتابته ضمن المتن داخل قوسين، ثم يتمُّ ذكر رقم الصفحة الّتي تمَّ الحصول على النص منها:

مثال: أشار سعيد، والخطابي (1997، ص 80) " يعد غياب الزوج لفترة زمنية طويلة عن المنزل، أحد الأسباب الّتي تؤدي إلى حدوث الجفاء في العلاقة الزوجية، وعلى الرغم من أن ذلك الأمر قد يكون لأسباب خارجة عن الإرادة، كون عمل الزوج قد يتطلب السفر، إلا إنه من المفضل في تلك أن يصطحب زوجته معه".

في حالة توثيق التراجم في مضمون البحث: تتمُّ كتابة التاريخ الأصليّ للترجمة، وبعد ذلك الّذي ترجم في البحث.

مثال: أشار ستيفن (1960 /2005).

في حالة توثيق عدة أعمال في مضمون البحث:

مثال: ساعدت المكتشفات الطبيّة الحديثة في تطور عمليات زراعة الشعر (السعدي، 2003؛ الإمام، 2007، أمين، 2010).

المرحلة الثَّانية:

في صفحة المراجع "قوائم المراجع":

توثيق المراجع في البحث العلمي لمؤلِّفٍ واحدٍ:

مثال: عبد الله الخطابي (1988)، دراسة تربوية متخصِّصة، القاهرة: دار اللؤلؤة.

توثيق المراجع في البحث العلميّ لمؤلِّفين:

مثال: الخولي، العماوي، زياد (2001)، تعليم ذوي الاحتياجات الخاصة، الإسكندرية: دار النشر الأصيل.

توثيق المراجع في البحث العلميّ لثلاثة من المؤلفين أو أكثر:

مثال: الزهري، جابر، المتوكِّل، سمير (1993)، وسائل التعليم عن بعد، دبي، دار المحروسة.

توثيق المراجع الّتي لا يوجد لها مؤلِّف:

مثال: طريقة انصهار المعادن (1964)، القاهرة، مطبعة الرحمة.

توثيق المراجع لمنظَّمة وفي ذات الوقت تقوم بعملية النشر:

المؤسسة العامة للمحافظة على الآثار (1992)، التراث الوطني، عمان: المؤلف.

توثيق التراجم:

مثال: كاسبرزاك (2016)، القيمة الغذائيَّة للحبوب (ترجمة عمر عبد الجواد)، القاهرة، مكتبة رماح الجبري (العمل الأصلي تمَّ نشره خلال عام 1976).

توثيق مقالة من كتاب:

مثال: فوزي، تحسين (1988)، التصنيف (محرر)، أهميَّة التدقيق اللغوي (ص 20 ص 25)، القاهرة، جمعية الشرق الأوسط.

توثيق مقالة في النشرات العلميَّة الدورية:

مثال: قطب (1999) النظريات الاقتصادية المعاصرة، الموسوعة التجارية، 2(1)،14-16.

وفي حالة وجود أكثر من مؤلف يتمُّ ذكرهم في البداية مع وضع فاصلة بين كلٍّ منهم.

توثيق أوراق العمل الّتي يتمُّ تداولها في الندوات:

مثال: سعاد، أحمد الهويدي (2008، ديسمبر)، أثر تلوّث البيئة على صحة الإنسان، ورقة علميَّة مقدمة في مؤتمر التلوث البيئي، القاهرة، جمهورية مصر العربية.

توثيق المراجع لرسائل الدكتوراه أو الماجستير غير المنشورة:

مثال: عبد الرحمن، جمال (2016)، دور الخدمة الاجتماعيَّة في البيئة المدرسية، رسالة ماجستير غير منشورة، جامعة طنطا، الغربية، جمهورية مصر العربية.

<u>النموذج الثالث للتوثيق</u>: واخترنا النظام الّذي تأخذ به "جمعية علم النفس الأمريكية"(APA)، سنقوم بشرح هذا البند بأكثر شمولًا، وذلك:

أوّلًا: نظرًا لاتّصال هذا النموذج مباشرة بالعلوم الاجتماعيَّة.

وثانيًا: لأنّ هذا النموذج يعتبر أكثر انتشارًا في التوثيق.

علمًا أنّه إضافة إلى هذه الطريقة، توجد عدّة طرقٍ أجنبيّة للتوثيق يمكن التمييز بينها، مثل:

الطريقة التقليديّة؛ طريقة "إم إل إيه" (MLA)؛ وطريقة شيكاغو (Chicago Style)؛ وطريقة هارفارد.. وغيرها. وتعتبر طريقة جمعية علم النفس الأمريكية، الأكثر انتشارًا، لذلك سيتمُّ التعريف بها مسبقًا، والتركيز عليها:

جمعيّة علم النفس الأمريكيّة (APA):

انطلاقًا من حرص مجموعة من الباحثين في علم النفس والأنثروبولوجيا ومديري الأعمال على تحسين القراءة والفهم وطرق الإسناد، تبنَّت "جمعية علم النفس الأمريكية"، منهجيَّة قائمة على أسس علميَّة تقنن مكونات الكتابة العلميَّة والاستشهادات المرجعية الدقيقة، وتتّخذ الأساليب التالية:

أولًا: الاستشهاد المرجعيّ في متنِ النّص:

عندما يكون الاستشهاد في متن النّص، يمكن أن يتّخذَ شكلين:

أحدهما: عندما يكون "الاقتباس حرفيًّا"، يوضع بين مزدوجتين تتضمَّنُ عائلة المؤلف، تليه فاصلة، وأحيانًا، اسم المؤلف، أو أوّل حروف من اسمه، يليها سنة النشر ثمَّ نقطتين ثمَّ رقم الصفحة، ويوضع الجميع بين قوسين، كالمثال التالي: (سليمان2012:32).

ثانيهما: اقتباس غير مباشر (بتصرُّف) أي نقل الأفكار من الغير بتصرُّفٍ مع توثيق المعلومة لصاحبها، فيعني ذلك تصرُّف الباحث بالتعديل في صياغة النص أثناء اقتباسه، وفي هذا النوع تظهر شخصية الباحث، وهنا نكتب النص كما نريد

ثمَّ نوثِّقه بنفس الطريقة السابقة، إلَّا إنَّهُ في هذه الحالة ليس من الضروريِّ كتابة رقم الصفحة حيث يبقى اختياريًّا، ويتضمَّنُ الكتاب بعض الأمثلة من كلّ نوع.

ثانيًا: قائمة المصادر والمراجع "الببليوجرافيا" (The Bibliography)

تتضمَّنُ قائمة المراجع "الببليوجرافيا" معلوماتٍ تتعلَّق بجميع المصادر والمراجع الّتي استخدمها الباحث في فصول الدراسة، من كتب ودوريَّات ومقالات وغيرها، مع العلم أنَّ الكتب أو المقالات الّتي قرأها الباحث في نفس الموضوع ولم يستخدمها في الفصول السابقة، يجبُ ألَّا تكون ضمن القائمة. ثمَّ يعيد الباحث ترتيب كلّ المراجع طبقًا لترتيب الأحرف الهجائيَّةِ للمراجع، ويضعُها آخر صفحات البحث.

ورغمَ وجود عدَّة طُرقٍ لكتابة المراجع، إلَّا إنَّنا في هذا الكتاب اعتمدنا على الأسلوب الّذي تتَّبعه "رابطة علم النفس الأمريكيَّة"، وكذلك الاعتماد عليه (في التوثيق لهذا الكتاب)، مع إجراء بعض التعديلات الّتي تتناسب إلى حدٍّ ما مع واقعِ البحوث العربيَّة، وخاصَّة عند ذكر اسم المؤلف، والّتي عادةً ما تعتمد في البحوث الأجنبيَّة على الاقتصار على ذكر أول حرف من الاسم الأوَّل الّذي يأتي بعد الاسم الأخير.

مثال: كثيرًا ما نجد في المراجع العربيَّة كتابة المرجع في الببليوجرافي يأخذ أكثر من اسم، سواءً جاء الاسم الأوَّل في بداية الأسماء أو تقدَّمه اسم العائلة، وكذلك في متن البحث. فيكون في الببليوجرافي على الشكل التَّالي:

محمود عبدالحليم منسي (2003) مناهج البحث العلمي في المجالات التربويّة والنفسيّة، الإسكندرية، دار المعرفة.

وأحيانًا يتقدَّم اسم العائلة على الأسماء الأوليَّة، وتكتب كالتالي:

منسي، محمود عبد الحميد....

بينما بالنسبة لنموذج جمعية علم النفس الأمريكيَّة، تكون كالتالي:

Monsy, M (2003) *Scientific Methodology in Educational and Psychological Fields*, Alexandria, DarAl-Marifa

لاحظوا هنا كتابة المرجع، يبدأ بالاسم الأخير للمؤلِّف، تليه فاصلة، ثمَّ سنة النشر موضوعة بين قوسين، ثمَّ عنوان الكتاب، تعقبه فاصلة، ثمَّ بلد النشر، بعده فاصلة، وأخيرًا دار النشر.

وعادةً ما يلجأ المؤلِّفُ إلى كتابة العنوان بخطٍ مائلٍ، وأحيانًا يوضع خطٌّ تحت عنوان الكتاب.

انظر ما يلي:

العسكري، عبود عبدالله (2004)، <u>منهجيَّة البحث العلميّ في العلوم الإنسانيَّة</u>، دمشق، دار النمير.

هنا تمَّ الاحتفاظ بالأسماء الأوليَّة (عبود عبدالله، أو عبود) كاملة بدلًا من الاكتفاء بالحروف.

ويفضِّلُ بعضُ الباحثين ترك مسافة في السطر الثَّاني كشكلٍ جمالي، فيبدأ الخطّ بعد الاسم الأوَّل، كما هو مبيَّن أعلاه، بدأ السطر أسفل الاسم الثَّاني تاركًا مسافة صغيرة.

وأحيانًا يكون المرجع مجرَّد مقالٍ أو فصلٍ لمؤلِّفٍ يشترك مع مؤلف(ين) آخر(ين) ضمن كتاب، هنا يُكتَب اسم الكاتب، وسنة النشر، وعنوان المقال، يعقبه اسم مؤلِّف الكتاب الرئيس، وعنوان الكتاب الَّذي يجب أن يوضع تحته خطٌّ أو يكتب بخطٍ مائل، ثمَّ تكملُ كتابة المرجع بالطريقة السابقة. ولتوضيح ذلك انظر التالي:

الأزهري، العقبي (2017) أهميَّة تحديد المفاهيم في البحث الاجتماعيّ، عيشور، نادية وآخرون، <u>منهجيّة البحث العلمي في العلوم الاجتماعيَّة</u>. (ص ص -61-70).

انظر التاريخ يشير إلى إصدار الكتاب الَّذي يضمُّ جميع المقالات، وعندما يوجد اختلاف في تاريخ كتابة المقال لباحث ما، وإصدار الكتاب يوضع تاريخ بعد اسم مؤلف المقال، وآخر بعد إصدار الكتاب (edition) ككلٍّ، والَّذي يضمُّ عدَّة مقالات أو فصول لمؤلِّفين مختلفين، ويدلُّ ذلك على أنَّ المقال لكاتبٍ ما قد سبق كتابة بقية المقالات لنفس الموضوع، والرقم الأخير (ص ص61-70) يشير إلى عدد صفحات المقال في هذا المؤلف. وأحيانًا يكون للباحث أكثر من إصدار في السنة، في هذه الحالة يرمز للإصدارات بحروف بعد سنة النشر، مثلًا:

(Hall, 1994a)' and (Hall, 1994b),

وإذا كان المؤلف عربيًا وأصدر كتابين في عام واحد، ولنقل عام 2010، فيمكنُ أن يأتي بالصيغة التالية:

(هدى، 2010-أ) و(هدى، 2010-ب)، فالمرجع الَّذي يستعمله الباحث أولًا لنفس المؤلف يعطى الحرف (أ)، والَّذي يليه يعطى الحرف (ب)، وهكذا ينقل في قائمة المراجع.

القاسمي، م (2014-أ) دور التنشئة الاجتماعيَّة في تشكيل السلوك السويّ للأبناء، القاهرة، مكتبة جزيرة الورد.

القاسمي، م (2014-ب) <u>انحراف الأحداث مشكلة تؤرّقُ المجتمعات العربيَّة</u>، القاهرة، مكتبة جزيرة الورد.

(مع الأخذ في الاعتبار، بالنسبة للمؤلِّف العربيّ نادرًا ما نجد الأسماء الأولى له يرمز لها بالحروف، وإنّما باستخدام الاسم الأوَّل كاملًا).

وبالطبع توجد عدَّة نماذج في الأدبيّات العربيَّة لكتابة المراجع، لكنَّني استخدمت هذا المثال لأنَّه أقربُ للنموذج الّذي تستخدمه "جمعيَّة علم النفس الأمريكيَّة (APA)"، ولا يختلف كثيرًا عنه نموذج "جامعة هارفارد".

الترتيب الهجائي للمراجع والمصادر، وفقًا لطريقة "جمعيَّة علم النفس الأمريكيَّة (APA)":
ترتَّبُ المراجع طِبقًا للحروف الهجائيَّة للاسم الأخير عندما يتقدَّم بقيَّة الأسماء أو الاسم الأوَّل في المرجع، اعتمادًا على الطريقة التي اعتمدَ عليها الكاتب، ويجب ألَّا يؤخذ في الاعتبار (لام التعريف). انظر المثال التالي:
العسكري، عبود (2004)، منهجيَّة البحث العلمي في العلوم الإنسانيَّة، دمشق، دار النمير.

في هذا المرجع يعتبر بداية الاسم الّذي يتمُّ احتسابه هو (حرف العين) وليس (التعريف)، فأيُّ كاتب يأتي اسمه بأيِّ حرفٍ يسبق العين، يجب أن يوضع قبلَ هذا المرجع على قائمة المراجع. ويحتسبُ بعد الاسم المذكور في المرجع الأسماء الّتي تليها. انظر مثلًا المرجع التالي: أبوعلام، رجاء (2011) <u>مناهج البحث في العلوم النفسيَّة والتربويَّة</u>، مصر، دار النشر للجامعات.

يبدأ الاسم في هذا المرجع بالألف، وهو أصليٌّ في الاسم، لذلك في ترتيبه على القائمة يجب أن يأتي قبل المرجع السابق (العسكري عبود)، لكن ماذا لو احتوت القائمة على مرجعٍ يكون الحرف الأوَّل متشابهًا مع غيره، فأيّهما يأتي قبل الآخر؟ مثلًا:

أحمد، سمير (1979) <u>النظريّة في علم الاجتماع</u> (ط2) القاهرة. دار المعارف.

هنا يجب اعتبار الاسم الثّاني في اختيار الأولويّة. فهل يسبق (أبو علاء، رجاء محمود) (أحمد، سمير نعيم)؟ في هذه الحالة علينا أن نرى أيَّ حرفٍ من الحروف الباقية يسبق الآخر في ترتيبها الهجائي، لكلا المؤلّفين؟ بمعنى آخر: هل (حرف السين يسبق حرف الراء؟)، بهذا المعنى فإنَّ المرجع (أبو علاء، رجاء محمود) يسبق المرجع الآخر على القائمة لأنَّ حرف الراء يسبق حرف السين في الترتيب الهجائي. وهكذا يكون بالنسبة للاسم الثالث إن وجد وتشابهَت كلّ الحروف السابقة له.

أمّا في حالة التشابه التام بين كاتبين أو أكثر في الحروف الأولى لكل اسم من أسمائهم، يؤخذ في الاعتبار سنة النشر.

أي المرجعين يدرج قبل الآخر على القائمة، إذا ما <u>افترضنا</u> أنَّهما يحملان الاسمين التاليين بالتوالي:

سلطان، فيصل رمضان (2004)، سعيد، فؤاد رجب (2011)؟

في هذه الحالة، حيث إنَّ مقدّمات الحروف للأسماء الثلاثة لكلّ مؤلف متشابهة، يتمُّ الاعتماد على تاريخ النشر، فالكتاب الّذي سبق الآخر في النشر يأتي أوَّلًا، ثم يليه ما تمَّ إصداره فيما بعد، وفي هذه الحالة يكون المرجع الأوَّل (2004) يأتي قبل المرجع الثّاني على قائمة المراجع، لأنَّه طبقًا لتاريخ النشر هو الأقدم، وتوضّح الأمثلة التالية، نفس الفكرة على طريقة جمعيّة علم النفس الأمريكيّة، بالنسبة للمراجع الأجنبيّة.

الترتيب الهجائيّ للمراجع والمصادر، وفقًا لطريقة "جمعيّة علم النفس الأمريكيّة (APA)" وهي
الّتي تمَّ اعتمادها في هذا الكتاب: (See: Edwards, and Talbot)

أوَّلًا: أولويّة التَّرتيب في قائمة المراجع وفقًا للحروف الهجائيَّة، اعتمادًا على الاسم
والتّاريخ (هنا اقتصرنا الأمثلة على المراجع الأجنبيّة فقط):

1. <u>ترتيب الاسم حسب الأحرف الهجائيَّة، عندما يكون للمؤلّف إصداران، يأتي
التاريخ الأسبق قبل التاريخ الجديد للإصدار.</u>

Smith, J. (1989)

Smith, J. (1993)

2. <u>ترتيب الاسم حسب الحروف الهجائيّة في حالة وجود أكثر من مؤلّف، يأتي</u>
اسم المؤلّف المفرد، قبل المؤلّفين المشتركين:

Smith, J. (1989)

Smith, J. (1993)

Smith, J. and Jones, F. (1989)

ثانيًا: الشكل في كتابة المرجع كاملًا:

1. <u>عندما يكون المرجع كتاب،</u> تكتب المعلومات كاملةً، يبدأ بالاسم الأخير
للمؤلّف(ين) تتبعه فاصلة، وبعده حرف أو حروف من الأسماء الأولى، يليه

عنوان الكتاب (تحته خط أو يكتب بخط مائل)، يليه بلد النشر، دار النشر:

Smith, J. (1989) *The Way it Was,* London: Utopia Press.

Smith, J. (ed.) (1992) *Youth in the Inner City*, Glasgow: City Press.

2. <u>عندما يكون المرجع مقالًا في مجلة ضمن دوريّة</u>، هنا يتطلّب كتابة اسم المؤلّف، التاريخ، عنوان المقال، عنوان المجلة، <u>يوضع تحته خطّ</u>، أو يكتب بحروف *مائلة*، ورقم المجلة الّتي بها المقال ضمن دوريّة تتكوّن من مجموع عدد المجلات، وكتابة صفحات المقال المنقول من المجلة: من كذا إلى كذا:

Jones, F. (1982) ' Young and unemployed: a comparative study of the young and willing to work in London and New York', *Youth Culture*, 17(2), pp. 172-85.

3. <u>استخدام موضوعات عن قضايا قدّمت في مؤتمرٍ، حضرته أو لم تحضره</u>، وفي هذا النوع من المصادر تستطيع أن تكتب عن معلوماتٍ بقدر ما تستطيع:

Jones, F. (1993) ' Support Networks in Youth Work', Paper at the annual Youth and Community Society Conference, Burnmouth.

4. <u>استخدام مصادر من رسائل علميَّة أو أوراق بحثيَّة لم تنشر بعد</u>، في هذا النوع الطريقة لا تختلف عن المراجع العادية بالنسبة للاسم والتاريخ والعنوان، ولكن تذكر الجهات الَّتي قدَّمتها، جامعة أو معاهد علميَّة أو مراكز أبحاث أو مؤسسات أخرى، وتكتب كالتالي:

Jones, F. (1982) '*The Transition From School*: a Case study of School Leavers in one inner city school, 'unpublished PhD thesis, University of Oldham.

Smith, J. (n.d) 'Key Features in Youth Unemployment,' Study Group Working Paper, Department of Youth Studies, University of Winchester. (n.d= no date).

PP 172- 74

وأخيرًا:

لا شكَّ أنَّ مسألة التوثيق في البحوث العلميَّة، عمليَّةٌ معقَّدَة؛ وذلك لتعدُّد أشكالها وتنوّعها واختلاف مدارسها. ورغم النظرة الشاملة الَّتي عرضناها في هذا الفصل عن التوثيق العلميِّ للمصادر والمراجع في العلوم المتعدِّدة والمعارف وكيفيّة توثيق كلّ منها، إلّا إنَّ هذا الفصل لم يغطِ جميع ما يتعلَّق بالتوثيق الَّتي تتجدَّد مصادره، ويطرأ عليه التغيير المستمر.

ومهما ظهرت من اختلافات وتناقضات بين الباحثين في اتّباع كلّ منهم طريقة معينة لاستخدام المصادر والمراجع ومفاهيمها، إلّا إنَّ ما يجمع بين الجميع هو القناعة بالالتزام بالأمانة العلميَّة، وضرورة توثيق كلّ ما يتمُّ نقله من معلوماتٍ

وأفكار من مصادرها أو مراجعها الأصليّة، والّذي يدرك الجميع أن يتمَّ التناوُل بحيادٍ وبعيدًا عن التحيُّز الأيديولوجيّ أو الدينيّ أو غيره.

وربَّما يكون إدراك الباحث وتذوّقه في اختيار كيفيّة توثيقه للمراجع والمصادر هو الّذي يمكن أن يضفي على البحث سمات معينة. وخاصّةً عندما يكون الباحث غير ملزم لاتّباع فكر مدرسة بعينها، أو جهة معينة تفرض شروط كيفيّة اتّباع التوثيق.

وقد يتشكَّل الحسّ الجمالي لدى الباحث من خلال ابتكار طريقة خاصّة له، ومتقنة في توثيق المراجع والمصادر الّتي يستخدمها في بحثه، ولكن لا يتمُّ ذلك إلّا وفق قانون عامٍّ لا يخرج عن المألوف، إلّا بقدر إضفاء نوعٍ من العمل المتقن يحمل بصمات الباحث. ويتمُّ نتيجة البحث المستمرِّ والواعي واستنادًا على حصيلته من المعرفة العلميَّة، واقترابه من منابعها كالنّدوات والمحاضرات الثقافية والعلميَّة، ومداومته على ريادة المكتبات وتتبع نشاطاتها. وبهذه الأمور يمكن للباحث أن يصقل ابتكاراته الّتي لا شكَّ أنّها ستترك بصماته على ما ينجز من عمل أكاديميّ أو بحثيّ.

وكان لدى قدماء المصريين الّذين أنشؤوا الحضارة تلو الحضارة عبر العصور، مكانة عظيمة للكتاب، وعبّروا عنها بنصوصهم لتؤكِّدَ على قيمة الكلمة المكتوبة، اخترنا منها العبارات التالية:

" لقد مات الإنسان، وتحوّلت جثته إلى مسحوقٍ، وأصبح كلّ معاصريه تحت التراب، إلّا إنَّ الكتاب هو الّذي ينقل ذكراه من فمٍ إلى فمٍ، إنَّ الكتابة أنفعُ من البيت المبني، ومن الصومعة أو الفلسفة في المعبد" (النشار، السيّد السيّد 59:1999).

الفصلُ السّادس
دور المكتبات في بثِّ الوعي المجتمعيّ وارتباطها بالبحث العلميّ

تشكّلُ المكتبات وما يمكن أن تؤدّيه من شتَّى صنوف المعرفة لتغذية المراكز البحثيَّة في أيّ دولة من دول العالم قيمةً حضاريَّةً، وهي معلمٌ حيويٌّ يعبّرُ وجوده عن رقي الأمم، والمقياس الحقيقيّ لدرجة تحضرها، كما أنّها تعتبَرُ أحد المصادر المهمَّة للمعرفة؛ عن طريقها وما تحتويه من برامج وكتب يتمُّ تشكيل الوعي في المجتمع. وللمكتبة دورٌ بارز في تطوير مراكز البحوث العلميَّة وتنوّع مجالاتها، وتمثِّلُ أهميَّةً فائقة لطلبة الجامعات والباحثين، حيثُ تُتيح لهم فرصةَ الحصول على مصادر ومراجع لا غنىً لهم عن الاستعانة بها في بحوثهم ودراساتهم.

وفي الوقت الّذي بلغ مستوى المكتبات والمراكز البحثيَّةِ أوجَه في الدّول المتحضِّرة، فإنَّ الوضع يختلف تمامًا في دولنا العربيَّةِ، إلّا ما ندر، مع أنَّ تلك الدّول تاريخيًّا كانت صاحبةَ السبق في هذا المجال، ولا غرابةَ أن تكونَ كذلك، فهي الأرضُ الّتي كرَّمها اللهُ، حيث جعلها مهبطَ الدّيانات السماويَّةِ، وهي المكان الّذي شهد نزول أوَّلِ كلمةٍ من رب العالمين تدعو للقراءة؛ فقد كانت أوَّل سـورةٍ من القرآن الكريم أوحاها اللهُ جلَّ وعلا لسيّدنا محَّمد صلَّى الله عليه وسلَّم، هي:

﴿اقْرَأْ بِاسْمِ رَبِّكَ الَّذِي خَلَقَ ۝ خَلَقَ الْإِنْسَانَ مِنْ عَلَقٍ ۝ اقْرَأْ وَرَبُّكَ الْأَكْرَمُ ۝ الَّذِي عَلَّمَ بِالْقَلَمِ ۝ عَلَّمَ الْإِنْسَانَ مَا لَمْ يَعْلَمْ ۝﴾

[العلق: 1-5]

كذلك حفِلَت الأحداث التاريخيّة بشواهد شكّلت منابرَ للعلم والمعرفة متمثِّلةً في عدَّة مكتبات أُنشِئت في عدَّة دول عربيَّة، وكانت انعكاسًا لحضاراتٍ، ورافدًا لها، قويت بها وسادت في تلك البلاد، وضعفت وتلاشت مقرونة بانتهاء أوج تلك المكتبات. ولا شكَّ أنَّ وجود تلك النهضة المعرفيَّة مدعاةٌ لفخرنا كعربٍ ومسلمين، رفعت من شأننا، في الوقت الّذي ساد في أوروبّا ظلام جهل العصور الوسطى. وعندما أخذت أوروبّا بأسباب النهوض وازدهرت المعاهد العلميَّة والمكتبات ومراكز البحوث فيها، أصبحت بتقدُّمها قبلةً للمحتاجين من جميع أنحاء العالم، لإنجازاتها العلميَّة والصحية والصناعية.

وهذا ما يثبتُ ما للمنابر المعرفيّة – والمكتبات أوّلها – من دورٍ في نهوض الأمم، وهنا يأتي سؤالٌ يخصُّ واقعنا العربي، على شاكلية ذلك السؤال الّذي قدّمه شكيب أرسلان (1946) بعنوان: "لماذا تأخَّر المسلمون وتقدَّم غيرهم؟"، والسؤال الّذي أريدُ طرحه هنا: لماذا انتكسَت الحضارة العربيَّةُ وازدهرت في الغرب؟

وللجواب عن هذا السؤال، سأتناول باختصارٍ عاملًا واحدًا فقط، قد يكون سببًا لانتكاس الحضارة، وهو اضمحلالُ الجانب الفكري، مستخدمةً وجود المكتبات ومراكز البحوث وفاعليتها من عدمه، كمؤشِّر للمقارنة بين الوضع في الماضي والحاضر، بمعنى آخر، الإجابة على سؤال يفرض نفسه: كيف كنَّا؟ وأينَ أصبحنا؟

وفيما يلي نلقي الضوء على جزءٍ يسير من الواقع الثقافيّ أثناء فترة الازدهار الحضاريّ من التاريخ العربي، ممثَّلًا بوجود المكتبات الّتي كانت منارًا للفكر، وكذلك بمساهمة بعض المثقفين آنذاك، من خلال مكتباتهم الخاصة:

بيت الحكمة:

وهي أوَّلُ مكتبةٍ أكاديميّة في التاريخ العربي، وقد أنشأها الخليفة هارون الرشيد في أواخر القرن الثّاني الهجري في بغداد، وزودها المأمون بالكتب الّتي جلبها من بلادٍ عدَّةٍ من الرّوم إلى قبرص، وكمكتبةٍ عامّةٍ عُرفَت باسم "بيت الحكمة"، تضمُّ كتبًا عديدة؛ أهمّها تلك الّتي تتعلَّقُ بتراث الأمّتين العظيمتين في التاريخ القديم: اليونان والرومان. وكانت هذه المكتبة منبرًا للثقافة والعلم، وكانت منتدئً علميًّا لأهل الفكر والدّارسين، كما نشطت فيها الترجمة للكتب ونسخها، وقد ضمَّت عددًا من المترجمين بينهم يوحنا بن ماسويه، ويوحنا بن البطريق، وحنين بن إسحاق الّذي وكِّل إليه رئاسة مركز الترجمة، وكان يضمُّ كتَّابًا عالمين متخصِّصين في الترجمة، والّذين قال عنهم ابن جلجل إنّهم: "يترجمون، ويراجع عليهم حنين ما يسطرونه". (عمر، محمد زيان 191:2002).

أمَّا مَن ساهم في الثقافة والفكر من الأفراد، كان يحيى بن خالد البرمكيّ واحدًا منهم، ويقول أنَّ خزانة كتب يحيى تضمُّ ثلاثَ نسخٍ من كلّ كتاب.

وبمنتصف القرن الثالث الهجري ظهرت خزائن[7] كتبٍ خاصَّةٍ بالأفراد في مدن العراق والشام ومصر، وغيرها من ديار الإسلام. وانتشرت المكتبات الخاصَّة في العراق في كلّ من بغداد والموصل والكرخ والبصرة، بلغ عددُها تسع خزائن في عصر العباسيين، آخرها خزانة المعتصم. (ت 656 هجرية)[8].

---

[7] كان لسيف الدولة في سوريا (ت ٣٥٦هجرية) خزانة كتب، وللفارابي خزانة كتب في حلب (ت ٣٣٩ هجرية)، وفي القرن السادس أوقف نور الدين بن زنكي سنة ٥٤٣ كتبًا على مدرسته النورية (عمر، محمد زيان ٢٠٠٢:١٩١).
[8] وفي مصر، كانت أشهر الخزائن، خزانة العزيز، ومكتبة المؤيد هزبر الدين داوود (ت٧٢١هجرية)، أحد ملوك الدولة الرسولية، وهي مكتبة ضخمة تضم مائة الف مجلد، فتحت أبوابها للدارسين وطلاب العلم.

هذه مجرَّدُ أمثلةٍ قليلة من بين أعدادٍ كثيرة يصعبُ إحصاؤها من خزائن الكتب. (عمر، محمد زيان 192:2002).

وهناك من المكتبات التاريخيَّةِ القديمة تمَّ تأسيسها في عدَّةِ دولٍ عربيَّةٍ، وتمثِّلُ انعكاسًا للواقع الفكريِّ المتميَّز في التاريخ العربي قديمًا، وقد أثرَت الجانب الفكريّ منذ تأسيسها، وما زالت وجهة الباحثين العرب والأجانب، ولعلَّ مكتبة الإسكندرية هي الأقدم، والأحدثُ في نفس الوقت من حيثُ النشأة وإعادة البناء، كما تشيرُ جريدة النهار العربي –بيروت، الأربعاء 15 أيلول/ سبتمبر 2021، نذكرُ منها ما يلي:

مكتبة الإسكندريّة:

بدأت فكرةُ التخطيط لإنشاء مكتبة الإسكندرية على يد بطليموس الأوَّل، وريث الإسكندر الأكبر ومؤسِّس الدولة البطلميَّة في مصر، استنادًا على مبدأ فطِنَ له وهو:

"إذا كانت قوَّة الجيش والسلاح ضروريَّةً للحفاظ على مملكته والذود عنها وربط رقعتها، فإنَّ رعايةَ العلوم والفنون والآداب هي أنجح وسيلة يمكن أن تكسبه دولته شهرةً ومجدًا، بل وخلودًا". (النشار، السيد السيد 101:1999).

ويمثِّل إنشاء مكتبة الإسكندريَّة أهميَّة فائقةً في تاريخ المكتبات، خلال الأزمنة القديمة، وقد كان الملوك البطالمة قد خصَّصوا أمولًا طائلةً بهدف جمع المصادر، وقيل عنهم أنَّهم كانوا يصادرون ما تحمله السفن من كتبٍ عند رسوِّها في ميناء الإسكندريّة، وأنَّهم استعاروا من أثينا أعمال مؤلفي التراجيديا الثلاثة.

وكانت مكتبة الإسكندرية تنقسم إلى قسمين: ويقع القسم الأكبر منها في القصر الملكي، أما القسم الأصغر فيقع في معبد سيراتيس، إله الشفاء عند قدماء المصريين، وعندما تعرَّضَ القسمُ الأكبر من المكتبة للضياع إثر غارة يوليوس قيصر

عام 47 ق. م، حيثُ نشَبت معركةٌ بحريَّةٌ أدَّت إلى حريقٍ هائلٍ أتلفها، كما أتلف دار صناعة السفن وما جاورها من المباني. وبعد ذلك أصبحَ السيرابيس هو المركز الحقيقيّ للكتب في مدينة الإسكندريَّة. (العيدروس، عمر عباس ٧٧- ٧٧-٢٧٦: ١٩٩٥

ثمَّ تلاحقت الكوارث على ذلك الصرح الثقافيّ المتميِّز بعد أن كانت منهلًا عذبًا يرتوي منه العلماء والمفكرون في العصور القديمة، فبدأت إرهاصاتها تتزامنُ مع الانحطاط العامِّ الَّذي مُنيَت به دولة البطالمة. فبعد أن كان أوائل ملوك البطالمة الأقوياء لا يألون جهدًا في احتضان العلماء والمفكرين وتشجيع العلم ودعم المكتبات والإيمان بدورها في نشر المعرفة، محقّقين بذلك رقيَّ الأُمَّة وأمنها ورخاء شعبها، تغيَّرت تلك الأوضاع في بداية القرن الأوَّل قبل الميلاد، وبدأت البلاد في الانحدار، وأصبحت الثروةُ معولًا للهدم والتخريب، وخاض ملوك البطالمة الجُدد حروبًا مدمِّرةً أنهكتِ البلادَ اقتصاديًا. وكانت لتلك الحروب الَّتي أنهكت الأُمَّة أثرًا سيِّئًا على الحركة العلميَّة والفكريَّة، فتدهورَ الوضعُ وهاجرَ العلماء وأُهملَت المكتبة وتوقَّف تزويدها بالكتب، وحلَّ العسكر القيام بأمر المكتبة بدلًا من العلماء.

ثمَّ توالت الأحداثُ، حيثُ تعرَّضت المدينةُ عام ٢٥٦م لنوعٍ آخر من التَّدمير وهو الأشدُّ، وخاصَّة في الحيِّ الملكيِّ حيثُ تقع المكتبة، تلاها بعد عشر سنين موجةٌ أخرى من الاضطهاد والتدمير على يد الامبراطور أوربليمانوس، ثمَّ تلا ذلك الاضطهاد ضدَّ المسيحيين على يد دقلديانوس سنة ٢٩٦م، وانتهى بحرق جميع الكتب الَّتي أُضرمَت فيها النار. (النشار، السيد السيد ١٠١:١٩٩٩).

وقد تجد كتابات عديدة اتّهمت العرب المسلمين بحرق مكتبة الإسكندريَّة، ومن بينهم كتّاب يدَّعون أنَّهم مسلمون، بينما ظهرت كتابات أخرى ترى أنَّ قصَّة حرق المسلمين للمكتبة ملفَّقةٌ ولا أساس لها من الصحَّة، ويمكن لكلا الطرفين أن يُدلي

بأدلّته. ولكن ممّا لا شكَّ فيه هو القول أنَّ الحروب لا تُميِّزُ بين ما هو قيّم وما هو رخيص، فالنَّار عندما توجَّهُ للعدو تلتهمُ كلَّ ما يوجد في ساحته من خيرٍ أو شرٍّ، مهما كانت الدّيانة أو العِرق، ومهما كانت الأسباب، طمعًا في البلاد أو انتقامًا منها لعمل ما حدث واستدعى شنَّ الحرب ضدَّ مرتكبيه من وجهة نظرهم.

وفي السنوات الأخيرة من القرن العشرين، أُعيد بناء وافتتاح مكتبة الإسكندريّة في 17 أكتوبر 2002 في مدينة الإسكندريَّة، في عهد الرئيس الأسبق حسني مبارك، لتسدَّ ثغرةً مهمَّة في مجال المعرفة.

مكتبة المستنصريّة- العراق:

وقد أسَّسَها الخليفة العباسي المستنصر عام 1227م، وتضمُّ مكتبةً تحتوي على أعدادٍ ضخمة من المجلَّدات النفيسة والكتب النادرة، والّتي بلغَ عددُها 450 ألف نسخة، لذلك كانت مقصدَ العلماء والفقهاء. وعندما نجَت من هجمات المغول نُقلَ جزءٌ منها إلى إسطنبول، ولكنَّها بقيت حتّى اليوم جزءًا من الجامعة المستنصرية، وهي أكبر جامعة في العراق.

مكتبة جامعة القرويين- المغرب:

تأسَّسَت مكتبة جامعة القرويين عام 1349م، ويعودُ الفضل في إقامة الخزانة العريقة فيها إلى السلطان المغربيّ أبي عنان، وتضمُّ كنوزًا نفيسةً من المخطوطات النادرة، وتشكِّلُ تراثًا معرفيًّا وحضاريًّا خصبًا، وما زالت تمثِّلُ وجهة علميَّة فريدة للباحثين، عربًا وأجانب.

تلك هي بعض النماذج القليلة للمكتبات الّتي شهدها التاريخ في منطقتنا العربيَّة، وشكَّلت كلَّ منها صرحًا حضاريًّا ومنبرًا ثقافيًّا أينما وجدت، ثمَّ تلاشى

معظمها نتيجة الكوارث الّتي مُنِيَت بها البلدان العربيَّة، وأخطرها الخضوع للهيمنة الأجنبيَّة، وتفكيك الدول وإضعافها، وما تلا ذلك من عوامل داخليّة اقتصاديّة وسياسية غاية في السوء، أدَّت إلى الانحدار الحضاريّ والثقافيّ التّدريجيّ، بينما صمدت الأقليّةُ من المكتبات التاريخيَّة واستمرَّت إلى يومنا هذا شاهدةً على مجريات التاريخ ومسارات ازدهاره وأفوله.

وإذا كان هذا هو الحال، فما هو واقع الاختلاف والتشابه بين المكتبات قديمًا، وما هي عليه في عصرنا الحاضر، من حيث طبيعة الأداء وحجمه؟

تميَّز العصر الإسلامي في المنطقة العربيَّة بإنشاء المكتبات العامَّة لكافة النّاس، وكانوا يتباهون بما يجمعونه فيها من نفائس الكتب، مخطوطة ومنسوخة، وكانوا ينفقون عليها ببذخ لتطويرها وتعزيز دورها في المجتمع، حيث كانت إشعاعًا فكريًّا، تحرص كلّ منها على المنافسة والتفرُّد بما تقتنيه من نفائس الكتب، حتّى يأتي كلُّ النَّاس إليها من أماكن بعيدة للقراءة والاطّلاع والنسخ. وكانت المكتبات أيضا من صميم اهتمامات رجال الدولة، ويقال: إنَّ اهتمام المأمون وولعه بجمع الكتب جعلَه يصرُّ أن يكون أحد شروط الصلح مع الإمبراطور الرّومي، نقل محتويات إحدى المكتبات في القسطنطينية على ظهر مائة بعير إلى مكتبة بغداد.

كذلك، لم يكن فعل الخليفة في الأندلس مختلفًا عمّا يفعله المأمون، حيث كان يبعث مندوبين عنه إلى جميع البلدان، للبحث عن المخطوطات النادرة ويشترونها بمبالغ طائلة.

وقد أدَّى سقوط غرناطة كآخر معاقل المسلمين في الأندلس على أيادي المتطرفين الصليبيين الإسبان، إلى نهاية الحضارة العربيَّة الإسلاميَّة، الّتي انتهت بإتلافهم المخطوطات العربية وإلقائها في النهر حتّى ازرقَّ لونُ مائه من شدَّة أحبار هذه المخطوطات.

ثمَّ تساءل المستشرقون الإسبان عن كيف يمكن أن تكون عليه الدراسات الإسبانيَّة وغرب أوربّا من تقدُّم، لو لم يُقدّم رجال محاكم التفتيش على هذه الجريمة الشنعاء؟

إنَّ الندم لا جدوى منه، سوى كونه مجرَّد صحوة الضمير الأوربيّ وندمه على جرائمه. (عزب، خالد 2019).

وهكذا سقطَت الحضارة العربية في الأندلس بإلقاء الكتب في النهر، وبنفس الطريقة الّتي سقطت بها بغداد قديمًا على يد هولاكو؛ عندما أقدم المغول على إتلاف كتب بيت الحكمة في نهر دجله، الّتي ازدهرت فيها حركة التأليف والترجمة في العصر العباسيّ، ونقلت بذلك من نفائس العلوم من الفارسية واليونانية وغيرها، وأخيرًا فعلها جورج بوش الابن، عندما احتلَّ العراق وتعرّضت مكتبة بغداد (بيت الحكمة سابقًا)، للحرق والتدمير، وهي أكبر مكتبة في العراق، وإن دلَّ هذا على شيءٍ فإنّما يدلُّ على أنَّ العلم والثقافة يخشاه العدو، وهو سبب تقدُّم الأمم ورقيها.

فأين نقف نحن اليوم، من الامس بالنسبة لمستوى الاهتمام بالقراءة والبحوث؟ وما هو نوع ما نقرأ ونبحث، بالمقارنة إلى ما نحتاج إليه من بحوث لحلِّ قضايا مجتمعاتنا؟

فعاليَّة دور المكتبات في الوطن العربيّ
في الوقت الحاضر

قد لا يتَّسع الوقت في هذا الكتاب لرصد دور المكتبات في الوطن العربيّ وتقييمها في الوقت الحاضر، ومعرفة مدلول مؤشّراتها، ولا باستطاعتنا إلّا أن نقول بعد أن

لاحظنا وجود عديد من المكتبات في الوطن العربي بكلِّ أنواعها في معظم دولِه، إنَّها ليست على المستوى المأمول، وبديهيًّا يكاد المرء أن يعرف أن مستوى أداء هذه المكتبات مهما بلغت مقتنيات بعضها لأرقى الوسائل التكنولوجيّة للمعلومات، سواء كان ذلك للاطّلاع أو في البحوث، إلّا إنَّ الحقيقة الّتي يجب أن نعيها هي: هل قدَّمت هذه المكتبات ومراكزها البحثيَّة، مهما علا شأنها، حلولًا ناجعةً للقضايا المجتمعيّة المِلِحّة في الوطن العربي؟

ويقول الدكتور إبراهيم نظمي (2003)، في محاضرةٍ له في مركز الحسين، حول دور المكتبات في مجالات البحث العلمي:

"إن البحوث بمختلف مناهجها وأنواعها وأنماطها تستفيدُ من تكنولوجيا المعلومات والمعلوماتيّة ومعالجتها، وهذا نابعٌ من استفادتها من المعلومات، ومن تنوّعها.. من منطلق أنَّ من يملك المعلومات يملك الدنيا، ويحكم الكون، فأيضًا مَن يملك القدرة على البحث الهادف إلى انتاج معلومات جديدة، يمكن تحويلها إلى اختراعات أو اكتشافات."

فهل تملك المكتبات في الوطن العربي درجةً من القدرة على البحث الهادف لإنتاج معلومات جديدة يمكنها من تحويلها إلى اختراعات، أو اكتشافات؟

والأمر الأهمُّ هو، إلى أيِّ مدى هذه الاختراعات والاكتشافات، يمكنها أن تساهم في حلول القضايا المجتمعيّة، وفي كلّ مجالاتها المعيشية؟

وعلينا، أن نبحث بين ما تنفقه الدولُ المتقدِّمة من نسبة الناتج القومي على البحوث العلميَّة، وبين نسبة الناتج القومي للدول الغنيّة في الوطن العربي على نفس المجال، وهنا يكمن الجواب على التساؤلات المطروحة.

ويلقي الدكتور عامر إبراهيم قندلجي (2012) الضوءَ على واقع المراكز البحثيَّة في الدول المتقدِّمة، مقارنة بتلك الّتي في الوطن العربي، ويرى أنَّ منهجيَّة البحث

العلميّ والدّراسات البحثيّةِ في الدول الصناعيّة، تحظى بالدَّعمِ البارز في تلك البلاد، كالولايات المتحدّة الأمريكيّة واليابان والمملكة المتحدّة، حيثُ تخصّصُ لها دعمًا ماليًّا، والّذي لا يقتصر على ما تقدِّمه الدّولة فقط لتلك المراكز، بل يشارك في ذلك كلّ من المؤسسات، وإدارات الأعمال الخاصّة أيضًا.

وتشير الإحصائيّات إلى أنَّ دعمَ الولايات المتحدّة لنشاطات البحث والتطوير في الموازنة العامة، أي ما يُعرَف بمجمل الناتج القوميّ؛

(Gross National Products)، قد زادت نسبته 1.5% إلى2.5% خلال الفترة من منتصف القرن الماضي وحتّى عام 2004، بلغ مقداره خمسة ونصف مليار دولار. وتأتي اليابان في المرتبة الثانية، حيث بلغ الإنفاق لديها على البحث العلمي والتطوير ما يقارب مجموعه 463.18 Yen للسنة المالية 2006 م، بزيادة تصل نسبتها إلى 3.5%عن السنة الّتي سبقتها.

وبالنّسبة للباحثين في اليابان بلغ مجموعهم "600826" باحث في عام 2007م، بزيادة بلغت نسبة 0.8% عن السنة الّتي قبلها، علمًا أنَّ التقارير تشير إلى أنَّ الصين في طريقها إلى التفوّق على اليابان في تحرّكها نحو البحث والتطوير. أمّا على المستوى العالمي؛ تشير بعض الإحصاءات إلى أنَّ المبلغ الّذي يتمُّ صرفه على البحث والتطوير يقدّر بحوالي 900 مليار دولارٍ سنويًّا.

وبالمقارنة، فإنَّ ما عرضه قشلجي من إحصائيّاتٍ عن نسبة تطوّر البحث العلميّ في الدّول المتقدِّمة وما هو عليه في الدول العربيّة، يتّضحُ الفارقُ الشاسع بين الجهتين، (ص31)، حيث تبدو بوضوحٍ دول العالم والدول الصناعيّة خاصّة تهتمُّ بالعلماء والباحثين، وهذا هو المؤشّر على مدى اهتمام تلك الدول بهذا القطاع الحيويّ، وبعكس ذلك فإنَّ هذا القطاع لا يلقى الاهتمام في دولنا العربية، والّذي يستدعي أن تعيد الدّول العربيّة النظر بما تخصِّصه الدول العربيّة إلى هذا القطاع،

والتعاون بينها في مجال البحث العلميّ هو أمرٌ مهمٌّ ليتسنّى لنا اللّحاق بمستوى التطور في مجال البحث والباحثين في دول العالم المتحضّر.

ومع ذلك هناك أمورٌ لا بدَّ أن توضعَ في الاعتبار، وهي أنَّه مهما كانت الفائدة الّتي ستعود علينا من استخدامنا أوعيّة ومصادر المعلومات الّتي ننقلها من الدّول المتقدّمة، إلّا إنَّ البحث العلميّ الّذي يعالج مشكلةً من المشكلات القائمة في أيّ دولةٍ من تلك الدول ليس بالضرورة أن يكون مناسبًا لحلِّ مشكلةٍ مماثلةٍ في أيِّ دولةٍ عربيّةٍ أو دولة أخرى مشابهة، ويكون هذا الاختلاف أكثر وضوحًا فيما يتعلَّق في الدراسات الإنسانيَّة الاجتماعيَّة، عنه في الدراسات الصرفة والطبيعيَّة.

لذلك لا بدّ من تطوير مراكز البحوث في المنطقة العربيّة وإمدادها بأحدث متطلباتها بكلِّ ما من شأنه أن يرفعَ من مستواها البحثي، كذلك أن تولي هذه الدول الباحثين أشدَّ الاهتمام والتّشجيع.

أنواع المكتبات

تتعدّدُ أنواع المكتبات وأهدافها، نذكر منها ما يلي:

المكتبة القوميّة أو الوطنيّة:

وهذه المكتبةُ مرتبطةٌ بالدّولة، وتتكفّل الحكومة بتمويلها، لذلك هذا النَّوع من المكتبات الّذي تقدّم خدماتها على مستوى الدولة كلّها، ووظيفتاها الأساسيتان هما: المحافظة على التراث الفكريّ للدّولة، وخدمة أهداف البحث العلميّ الجاد، (المحمودي، محمد 204-1820 :2019). فهي مثلًا تتولّى مسؤوليّة التراث الفكري القوميّ محفوظًا ومطبوعًا، كما أنَّها تحتوي على قدرٍ كبيرٍ من الكتب المختلفة في

عدّةِ فروعٍ من الفنون والعلوم، وبعدّةِ لغاتٍ، وهي بالتالي ذاتُ صبغةٍ دوليّة أيضًا لما تحتويه من مجموعاتٍ دوليّة متميّزة.

وهذا النوعُ من المكتبات يقوم بنشر البيبيوغرافيا، وكذلك بناء وتنمية وتوثيق مصادر المعلومات المرجعيَّة والموسوعيَّة، ويشمل ذلك التخطيط التنمويّ للمكتبات والَّذي يُعتَبر من أهمِّ مسؤولياتها، ومن اختصاصات المكتبة القوميَّة حيث تقوم بوضع خطَّة قوميَّة للتعاون بين المكتبات ومراكز المعلومات، منها مثلًا إعداد الفهرس الموحَّد، وكذلك إعداد القوائم الموحَّدة للدوريَّات، وبذلك تستفيد المكتبة القوميَّة من الفهرس في وضع وتقنين الأساليب الفنيَّة المستخدمة بمكتبات الدَّولة، كما تساعد هذه الأساليب في التَّدريب والتعليم والبحث والنشر في مجال المكتبات.

ومن جانبها، تحرص الدَّولة على ضمانٍ لوصول الإنتاج الفكريّ القوميّ إلى المكتبة القوميَّة، فتصدر قانونًا للإيداع (Deposit Law)، ووفقا لهذا القانون يلتزم الناشرون والطابعون والمؤلَّفون بإيداع عددٍ من النسخِ المجانيَّةِ من المطبّعات أو الكتب الصادرة في المكتبة القومية.

كما تُتاح للمكتبات القوميَّة فرصة اقتناء بعض الإنتاج الفكريّ على شكلِ أفلامٍ أو مصوَّرات مصغَّرة، ويأتيها هذا الإنتاج على شكل هدايا، وبذلك تُسيطِرُ على البيبيوغرافيا الوطنيَّة، حيثُ تقوم بإعداد المستخلصات (Abstract) والكشافات (Index)، وهكذا يتسنَّى للمكتبة القيام بدور مركز المعلومات وحلقة اتّصال مع الخدمات البيبيوغرافية داخل الدولة، كما أنَّ عليها القيام بالتنسيق بين مختلف الخدمات البيبيوغرافيَّة مع الدولة، ووضع المعايير الواجب اتّباعها **العيدروس، (عمر عباس 254:1995).**

المكتبة الخاصَّة:

تُعدُّ المكتبات الخاصَّةُ من أقدم أنواع المكتبات وجودًا في التاريخ، ولقد عمل الملوك ورجال المؤسسات الدينيَّة وكذا العلماء على تجميع المؤلَّفات والمخطوطات الّتي يؤلِّفونها أو يحصلون عليها بشتَّى الطُّرق. وانطلاقًا من دور هؤلاء النُّخب تجاه مجتمعاتهم، عمل بعضهم على فتح مكتباتهم الخاصَّة وإتاحة مجموعاتها للاطِّلاع العامِّ، فلا تكتمل صورة المثقَّفِ إلَّا حين تخرجه وظيفته الاجتماعيَّة من فرديَّته المعرفيَّة إلى كينونة اجتماعيَّة فاعلة، وسرعان ما أصبحت هذه المكتبات أهمَّ ركائز المعرفة، ويمكن القول في هذا الصدد: إنَّ كثيرًا من المكتبات الوطنيَّة، والمكتبات الأكاديميَّة قامت أصلًا على نواةٍ من تلك المكتبات الخاصَّة.

وقد برزت المكتبات الخاصَّة في الحضارة العربيَّة الإسلاميَّة، وتميَّزت بكونها تركِّزُ عل الإتاحة أكثر من الحيازة الملكيَّة، لذا فالكثير من المتخصِّصين في علم المكتبات وصفها أنَّها مكتبة شبه عامَّة، وممَّا ساعد في إعطائها هذه الصفة وجود ظاهرة دينيَّة ثقافيَّة تُسمَّى "الوقف"، ويمكنُ ملاحظة هذا في سياق التاريخ الإسلاميّ منذ نشوء الدولة الأمويّة والعباسيّة وحتى عهد متأخِّرٍ أنَّ تعمير المساجد وبناء المدارس وإقامة دور الأيتام والمشافي وتشييد المكتبات أنَّها من مسؤوليَّات الدَّولة بقدر ما هي مسؤوليَّات بعض الأفراد تجاه مجتمعاتهم (هيثم، ثنيو محمد1: 2017).

المكتبة الإلكترونيَّة:

تمثِّلُ "المكتبة الإلكترونيَّة"، ميزة خاصَّة للباحثين والطلاب عن طريق استخدام الحاسب الآليّ تُتاح الفرصة لروَّادها لنيل تسهيلاتٍ بالغة الأهميَّة للحصول على ما يحتاجون إليه من شتَّى أنواع المعرفة العلميَّة والأكاديميَّة بدلًا من مصادر المعلومات المطبوعة باليد. تُتاح الفرصة فيها للباحثين لاستخدام فهرس المكتبة

للبحث عمّا يرغبون في الاطّلاع عليه واستخدامها، حيث إنّها تحوي مجموعةً من المواد؛ (نصوص وصور وغيرها) مخزَّنة بصيغةٍ رقميَّة، والّتي يمكن الوصول إليها عبر عدّة وسائط، تقوم بنشرها شركات متخصِّصة.

وأهمُّ وسائل الوصول لمحتويات المكتبات الإلكترونيَّة، الشبكات الحاسوبيَّة، والإنترنت، وهذا ما يميّز هذا النوع من المكتبات عن غيرها؛ في وفرة المعلومات وسرعة الحصول عليها.

مزايا المكتبات الإلكترونية:

للمواد أو الوسائط الرقميَّة، سواء أكانت المواد ملفَّات نصيَّة، أو أفلام، أو موسيقا، بعدّة مزايا، أهمّها ما يلي:

1. سهولة الإنتاج والنشر والتوزيع إلى ملايين البشر بتكاليف ميسّرة.
2. تُعتَبر من الوسائل السريعة، وتتّصفُ بالسهولة للوصول للكتب والمحفوظات والصور.
1. تتميَّز بالقدرة على تخزين المعلومات الوفيرة في مساحةٍ صغيرةٍ، وحيّز ماديٍّ ضئيل جدًّا.
2. إنَّ صيانة المكتبة الإلكترونيَّة (الرقميَّة)، أقلُ تكلفةً بكثير من صيانة المكتبة التقليديَّة.
3. إتاحة الفرصة لملايين البشر من جميع أنحاء العالم الوصول إلى المكتبة الإلكترونيَّة (الرقميَّة)، طالما توفَّرت أسباب إمكانيَّة التواصل بالإنترنت.
4. متاح الاستفادة من الوصول إلى المكتبة الإلكترونيَّة على مدار السّاعة، أي ٢٤ ساعةً يوميًّا.

5. إمكانيّة الوصول المتعدّد، بمعنى غالبًا ما يمكن لأكثر من طرف من استخدام نفس الموارد في نفس الوقت.

6. في المكتبة الإلكترونيّة يسهل استخراج المعلومات، والبحث في المجموعة بأكملها عن أيِّ مادّةٍ يُرادُ الاستفسار عنها أو استخدامها في البحث.

لمزيد من المعلومات حول هذا الموضوع، انظر: (المحمودي، محمد204-1820 :2019).

وهناك مكتبات أخرى مهمَّة، منها:

<u>**المكتبة الجامعيَّة أو الأكاديميَّة**</u>: وهذا النوع من المكتبات يؤدي دورًا مهمًّا في مساعدة الطلبة والباحثين والأكاديميين وأساتذة الجامعات، وغيرهم. ووظائفها الأساسيّة تتمثَّلُ في: التَّعليم، والبحث، وتنمية المجتمع.

وكذلك <u>**المكتبة المتخصِّصة**</u>: الّتي تهتمُّ بالإنتاج الفكريِّ المتخصِّص في مجالٍ معيَّن، الّذي يتعلَّق بنشاطاتٍ ذات صلةٍ موجَّهةٍ لخدمة فئةٍ مجتمعيَّة معينة ومن أمثال هذه المكتبات، تلك الّتي تتبع مؤسَّسات ثقافيّة أو دينيّة، وفي البلاد المتحضّرة يمكن أن نجد مكتبات سياسيّة أو حزبيَّة ونقابيَّة.

<u>**والمكتبة العامَّة**</u>: وهي الّتي يستفيد من خدماتها جميع فئات المجتمع، وتهتمُّ بجميع مجالات المعرفة، ولها وظائف متنوّعة: ثقافيَّة، تعليميَّة، إعلاميَّة، ترفيهيَّة.

<u>**"المكتبة المدرسيَّة"**</u>: ذات طابعٍ تعليميّ تغطِّي المتطلَّبات التعليميَّة والمعرفيَّة لطلَّاب المدارس وأعضاء هيئة التدريس، وتدعم المناهج التعليميَّة لكلِّ مراحل الدراسة، وللمكتبة المدرسية وظائف تربويَّة وترفيهيَّة أيضًا. (المحمودي، محمد204-1820 :2019).

163

لا شكَّ أنَّ بعض هذه المكتبات زاخرة بمقتنياتها، عاجَّة بطلّاب العلم والباحثين عن المعرفة، وتتفاوت فعاليَّتها من دولةٍ عربيَّة إلى أخرى، ولكن مهما بلغَت قيمتُها الماديَّة في بعض البلاد العربيَّة، إلّا إنَّها بالمشاهدة يكاد يكون الإقبال عليها أقلّ ممَّا ينبغي. ورغم صلة المكتبات في البلاد العربيَّةِ بمراكز البحوث، فإنَّ الموضوعات المتداولة فيها قد لا تلامس القضايا المجتمعيَّة الملحَّة بالطريقة المأمول أن تكون عليه، وربَّما كلّما كانت البلاد أكثر عراقةً تاريخيًّا، ارتفع مستوى قيمة القضايا المطروحة فيها.

مكتبة اليقظة العربيَّة برأس الخَيمة: النَّشأة والأهداف والدور:

ولأهميَّة دور المكتبات في التَّوعيَّةِ، تمَّ إنشاء "مكتبة اليقظة العربيَّة" برأس الخيمة، وعرفانًا بدورها الّذي تؤدِّيه في المجتمع، يطيب لنا أن نلقي الضوء على خصائصها ودورها ومسيرتها، وخاصَّةً أنَّها هي الّتي رعَت وتعهَّدَت ماديًّا ومعنويًّا بالمساهمة في إصدار هذه المؤلَّفات الّتي ذكرناها في مقدِّمة هذا الكتاب، وما سيتبعه:

لقد تأسَّسَت "مكتبة اليقظة العربيَّة للمرأة والطفل" – وهذا هو اسمها في بداية النشأة، وحدث التغيير التَّدريجيّ للاختصار – بإمارة رأس الخيمة في مايو 1990، بجهود مجموعةٍ من العضوات، وبمكرمة من المغفور له صاحب السمو الشيخ صقر بن محمد القاسمي، حاكم إمارة رأس الخيمة السابق، عضو المجلس الأعلى، حيث أصدرَ مرسومًا أميريًّا عام 1995 بإنشائها. أمَّا صاحب السمو الشيخ الدّكتور سلطان بن محمد القاسمي حاكم إمارة الشارقة، عضو المجلس الأعلى لدولة الإمارات العربية المتحدّة فكان له الفضل الأكبر في تخفيف العبء الماديّ الّذي عانته المكتبة لعدَّةِ سنواتٍ لتصبح بعد ذلك واقعًا عمليًّا يسعى إلى رفع المستوى

الثقافيّ والمعرفيّ في المجتمع، كما عزَّزَ هذا الدّعم حرص المكتبة في سعيها لبذل الجهد على تعزيز الهويّة العربيّة من خلال انتقاء برامجها الهادفة.

وللمكتبة فرعان، يقوم كلّ فرعٍ منها بدورٍ يتناسب مع احتياجات المنطقة المحيطة به، ولكن يجمع بينهما تحقيق هدفٍ أساسيّ، وهو بثُّ الوعي المجتمعيّ، ثقافةً وتعليمًا وصحّةً.

<u>الفرع الأصلي للمكتبة يقع في الظيت الجنوبي،</u> ويضمُّ عشر قاعات للكتب، أهمُّها "قاعة جمال عبد الناصر"، و"قاعة فلسطين"، وقاعة الشيخ سلطان بن محمد القاسمي"، وغيرها.

أهمّ لجان المكتبة، وما حقَّقته مِن إنجازاتٍ

1- "لجنة الإبداع والبحوث"، وتختصُّ هذه اللّجنة بما يلي:

-رعاية الموهوبين، وإبراز القدرات الكامنة وتنميتها؛ كالرّسم والشعر والقراءة والكتابة. وقد بلغ هذا الهدف أقصاه العام الماضي، وذلك بفضل وجهود المدير الثقافي للمكتبة **الأستاذ زكريّا عيد،** الّذي تولّى بنفسه رعاية المنتسبين من الأبناء، الّذين اكتسبوا بذلك كثيرًا من الوعي الثقافيّ والمعرفيّ، والّذي ظهر جليًّا في نتائج الإنجاز التعليميّ في مدارسهم، حيث حقَّقوا درجاتٍ عاليةً، وحصلوا على جوائز تقديريّة في عدّة مجالات.

-إجراء البحوث المكتبيّة والميدانيّة، وتأليف بعض الكتب التربويّة والصحيّة، إلى جانب الإصدارات الخفيفة المتمثِّلة في مجلة الزهراء، والّتي صدر منها عددٌ واحدٌ، وكذلك دوريّات أخرى شهريّة، أيضًا، صدرت منها أعدادٌ قليلة.

- لمدّة عددٍ من السنين، قامت بعض المتطوّعات من عضوات المكتبة، بتعليم طالبات الجامعات والمدارس والمهتمّين بالبحوث العلميّة، كيفيّة إجراء البحوث، وتدريبهم على الكتابة الأكاديميّة، وإعطائهم فكرة عن أهمّ مناهج البحث العلميّ في العلوم الاجتماعيّة، وقد نالت هذه الدورات رضا المنتسبات إليها، وعبّرت عن ذلك إحدى المنتسبات بعد عدّة سنوات، بقولها: "لقد جعلتموني أحبُّ علم الاجتماع بسبب ما تعلمتُه منكم في هذه الدورات فاخترته تخصُّصا لي في الجامعة".

- توفير المراجع والكتب للقرّاء والباحثين، بالإضافة إلى مصادر الشبكة الإلكترونيّة.

2- اللّجنة التّعليميّة:

ومِن اختصاصات اللّجنة التعليميّة، عقد برامج ودورات تعليميّة مؤقّتة ودائمة، يعتمد توقيت معظم هذه الدورات والمواد الدراسيّة على مدى احتياج كلّ طالبٍ بمفرده أو مع آخرين لا يتجاوز عددهم الثلاثة، وكلّ حسب ظروفه.

وتشمل هذه الدورات المراحل المدرسيّةِ والجامعيّة، وتتيح المكتبة هذه الدورات التعليميّة بأسعارٍ رمزيّة، وتوفّر مدرّسين أكفّاء، وكذلك تقدِّمُ المكتبةُ دوراتٍ أخرى كاللغات الأجنبية والكمبيوتر، وكان لـ**"لأستاذة زينب المختار"**، عربية من العراق، المديرة السابقة للمكتبة الفضل في تعليم الكمبيوتر بطريقة متميّزة.

3- لجنة التّضامن العربيّ:

تركّزُ لجنة التضامُن العربيّ، في تحقيق هدفها إلى إلقاء الضوء على القواسم المشتركة بين الدول العربيّةِ، والاهتمام بشرح القضايا الّتي تعوقُ تقدُّم الأمّة العربيّة وازدهارها، وذلك بموضوعيّةٍ تامّةٍ بعيدًا عن التفاخُر أو الرّياء، فتغوص في أعماق

الجسد العربيّ؛ وتُشَرِّحهُ بالفكر والرأي، لتبيّنَ ما به من عللٍ، وتقدِّمَ ما تراه مناسبًا من اقتراحاتٍ تُخفِّف من وطأة آلامه. وأعطَت قضية الاحتلال الصهيونيّ لفلسطين الأهميَّة القصوى، حيث توفّر المكتبة كثيرًا من المراجع التاريخيّة؛ كتب، أشرطة مرئية ومسموعة، تشرح دوافع الاحتلال ومساراته.

ولم يكن ما حلَّ بالعراق من حصار ظالمٍ، كاد يحرمه حتّى من الهواء، بعيدًا عن الاهتمام، حيث انصبَّت كلُّ الجهود لإبراز الحقائق الّتي ظلَّلها الإعلام ليخلق فجوةً بين أبناء الأمَّةِ الواحدة، وعقدت الندوات والمهرجانات والأمسيات الشعرية لإحياء الأمل لدى الناس الّتي صُدِمَت بما يجري.

ولا ننسى مواقف لأسرةٍ عراقيّةٍ أبهرت الجميع بنبلها، ليبرهنوا على أصالة عروبتهم، وتلك قصّة قصيرة لمواقف جليلة جديرة بالتحدُّث عن مناقبها، ولا يسعني هنا إلّا أن أنقلَ ما كتبَتْهُ عن هذه الأسرة إحدى عضوات المكتبة وبقيَت في دفاتر تحتويها أدراج أروقة المكتبة، ومنها ما يلي:

في صيف عام 1990، مُنِيَ العرب بكارثةٍ أصابتهم في الصميم، وجرحَت الوجدان العربي، وكان مبررًا لها أن تكون سببًا لتصدُّع الهويَّة العربيّة، إنَّها الفتنة الّتي نجح لاعبوها أن يحقِّقوا مآربهم منها، فأشعلوا فتيلها بين الأشقاء العرب، الّذي لم يتّسع إدراك أيّ طرفٍ منهم إلى أنَّ أضرارها ستلحق الطرفين بالأذى. وأقصد بذلك الإساءات المتبادلة بين العراق ودول الخليج برعايةٍ غربيّة متميّزة بدأت بحربِ التلاعُبِ بأسعار النفط، وانتهت بغزو العراق للكويت... نتيجةً لذلك وفي ذلك العام من بين الدول الّتي نزح الكويتيون إليها، هي وطنهم الإمارات العربيّة المتّحدة، وكانوا أثناء وجودهم بالإمارات، ضمن روّاد "مكتبة اليقظة العربية"، فاستفادوا من نشاطاتها. وما يثلج الصدر أنَّ من أصرّتا تطوُّعًا على أن تتولّيا رعاية أهلنا في الكويت وتسهيل كلّ ما يحتاج، هما آمنه فاضل ونضار فاضل، الشقيقتان العراقيتان

اللّتان تخرّجتا بتفوّقٍ من جامعة الإمارات بعد أن درستا في مدارسها منذ الطفولة، عندما نزحت الأسرة إلى الإمارات.

استخلاصًا من هذه القصّة نقول: إنَّ الأُمّة العربيّة بخيرٍ، وإنَّ الهويّة العربيّة أقوى من كلِّ ما يُحاك ضدّها، إنَّها تغفو ولا تنام، تتباطأ في اليقظة ولكنَّها لا تموت.

وقد حقَّقت مكتبة اليقظة العربيّة جزءًا لا يُستهان به من أهدافها، حيث كانت بوتقةً لعددٍ كبيرٍ من أبناء الأُمّة العربيّة، منهم من ساهم محليًّا في التدريس والمحاضرات والندوات، ومنهم من جاء إليها من دول عربيّة أخرى.

أما الفرع الثاني من **مكتبة اليقظة العربيّة**، يقع في "سيح الغب" بمنطقة النخيل، وتكفَّل ببناء مقرّها صاحب السمو الشيخ خليفة بن زايد آل نهيان، رئيس الدّولة حاليًّا، وحاكم أبو ظبي، وذلك في عام 2000، ويضمُّ هذا الفرع ثلاث قاعات وثلاثة فصول دراسيّة، وقاعتين للمطالعة، وا حدة منها خاصّة بالأطفال، وأخرى للكبار. كانت المكتبة في سيح الغب تلبّي احتياجات المنطقة من تثقيف دينيّ وصحيّ، وكانت بها فصول لمحو الأميّة وتحفيظ القرآن.

ونتيجة لاحتياج أسر أطفال التوحُّد لمكانٍ تعليميٍّ وتثقيفيّ وعلاجيّ، يتعهّد بأطفال التوحُّد، قامت الإدارة لهذا الفرع لفتح فصول تهتمُّ برعاية هؤلاء الأطفال في فرع المكتبة، كما قامت جمعيّاتٌ وجهاتٌ خيريّة أخرى بالتبرُّع لصالح هؤلاء الأطفال، تكلَّل بتبرع بنك الشارقة الإسلاميّ بإقامة بناء فخمٍ تتوفَّر فيه كلّ المستلزمات الضروريّة، ملاصقًا لمكتبة اليقظة العربيّة فرع سيح الغب.

وتحت الضغوط الماديّة الشحيحة، اضطرَّت الإدارة العامة للمكتبة – فرع سيح الغب – تسليم مركز التوحُّد بمبناه الجديد إلى جمعية الشيخ سعود بن صقر الخيريّة التعليميّة، وذلك لتحظى باهتمام أكبر يفوق ما تستطيع المكتبة من تقديمه، لتتمَّ تغطيَّة المتطلبات الماديّة الباهظة لسدِّ الحاجات الحيويّة من ماء

وكهرباء وغيرها، وإن عبّر هذا الدور المتواضع لمكتبة اليقظة العربية برأس الخيمة عن شيء، فإنّما يعبّر عمّا يجب أن تكون عليه المكتبات ومراكز البحوث من دور يتناسب حجمًا مع كلّ مكتبة على حدَةٍ في نشر الثقافة والعلم، ومساهمتها بإلقاء الضوء على القضايا المجتمعيّة بحثًا وعلاجًا.

وفي النهاية لا يسعُنا إلّا أن نتقدّم بالشكر لـ"مكتبة اليقظة العربيّة"، على أدائها البحثيّ والتعليميّ، كما نتقدّم بالشكر لكلٍّ من ساهم فيها من المواطنين، والمقيمين العرب، محبًّا وعاشقًا، ومتطوّعًا في خدمتها بالتدريس، والمحاضرات والندوات، والامسيات الشعرية، وخاصة العرب الّذين تربّوا في الإمارات وأخلصوا لها بقدر إخلاصهم للوطن الأمِّ. وكذلك نتقدّم بالشكر لكلِّ المثقفين العرب الّذين جاؤوا من جميع أقطار الوطن العربي، من مصر، الأردن، فلسطين والعراق، وغيرها وتركوا بصماتهم العلميَّة والفكريَّة، في هذا الصرح الحيويّ، رغم تواضعه المادي.

وبهذا العرض المبسَّط لدور المكتبات عامَّة في الوطن العربيّ، نأمل أن تولي الدول العربية اهتمامها للإكثار مِن المكتبات بكلِّ أنواعها، والعمل على ربطها بمراكز البحوث، وتفعيل ذلك وتوظيفه في تشخيص الواقع الاجتماعيّ بالبحث والتقصِّي، لحلِّ مشكلاته بالطُّرق المناسبة المستندة على البحوث العلميَّة الاجتماعيَّة. وهنا يأتي دور رجال الأعمال والموسرين للمساهمة في إحداث واقعٍ جديدٍ في المجالات البحثيّة والفكريّة، جنبًا إلى جنب مع الحكومات العربيّة في كلّ بلدٍ عربي.

الخَاتمة

وهكذا نصلُ إلى استكمال أهمّ النقاط الأساسيّة والملامح العامَّة للبحوث الاجتماعيَّة في جانبها (النظري)، وهي موضوع هذا الكتاب، وهو الإصدار الأوّلُ من سلسلة البحوث الاجتماعيَّة.

ومحور هذا الكتاب يدورُ حول تأكيد أهميَّة المعرفة العلميَّة، ورفع المستوى العلميّ للإنسان ودوره في تطوير المجتمع وتحسين ظروفه، وهذا الهدف هو الّذي يتميَّز البحث العلمي بتحقيقه، وهو مجاله الأساسيّ أيضًا. ولا يتأتى تحقيق هذا الهدف إلّا من خلال الدّراسة الواعية للمجتمع قائمة على أُسسٍ علميَّة تجمع بين التنظير والتطبيق، بدءًا بالفهم الواعي للتصوُّرات النظريَّة المعرفيَّة، وإعادة صياغتها أو تعديلها لتقتربَ من الواقع الاجتماعي المراد دراسته، لكي يتمَّ تقييم الأوضاع في المجتمع، وكشف ما قد يعتريه من مشكلات اجتماعيَّة، وبالتالي علاجها.

ولهذه الغاية كان حرصي الشديد البدء بتشريح النظام النَّسقي للتصوُّرات النظريَّة، وتفنيد معانيها، ومعرفة التَّشابه والاختلاف فيما بينها. كما حرصتُ كلَّ الحرص على أن يكون التَّناوُل بعيدًا عن التعقيداتِ المفاهيميَّة، والصعوبات اللّغويَّة، متوخِّية بقدر الإمكان الالتزام بالدقَّةِ والوضوح والتسلسُل المنطقيّ، في النقل والاقتباس والتحليل، اعتمادًا على الفرز والانتقاء من بين ما استطعتُ

الحصول عليه من أدبيّاتٍ تتعلَّقُ بالمناهج العلميَّة في دراسة العلوم الاجتماعيَّة والإنسانيَّة.

واتّسمت الكتابة هنا بعدمِ الإكثار من الاعتماد على المراجع الأجنبيّة، طالما استطعتُ الحصول على ما أردتُ من معلوماتٍ وأفكار من مراجع عربيّة لباحثين مرموقين. وكذلك حرصت على التّقليل من التوثيق بأكثر من مرجع أو مصدر للفكرة الواحدة، وذلك بعد التأكُّد من أنَّ الفكرة، أو المعلومة الّتي أنقلها تحظى بإجماع عددٍ من الباحثين المؤهَّلين، كما لمستها من خلال اطّلاعاتي على مراجع كثيرة تعمَّدت ألّا أنقلها.

وإن كان هذا التّقليل المتعمَّد للمراجع تعتريه بعض المثالب، حيث يميل الباحثون إلى تعزيز الفكرة بمزيدٍ من الإثباتات عن طريق المراجع العربيّة والأجنبية، إلّا إنَّ حرصي على تقليلها كان بدافع الرَّغبة في أن تكون صفحات الكتاب أقلَّ ازدحاما بمنظر المراجع الّتي لن تؤدي إلى مزيد من المعلومة بقدر ما تضيف أعباءً في تجميع المراجع وكتابتها، ويكون لذلك استهلاكًا للوقت والجهد.

كذلك، ورغم أهميَّة تعدُّد المراجع في نقل الحقائق بمقدارٍ أكبر من المصداقيّة، لكن كان حرصي أيضًا على تقليلها، لكي يكون المضمون أكثرَ سلاسة وأقلّ تشتُّتًا، وأكثر وضوحًا للطالب المبتدئ. وأرجو ألّا تكون فكرتي هنا خاطئةً، فالهدف في النهاية ليست كثرة عدد المراجع، بقدر أهميَّة تناوُل الأفكار بوضوحٍ ودقّةٍ.

وحيث إنَّ هذا الكتاب يختصُّ بالجانب النظريّ أو التصوريّ للبحوث العلميَّة في العلوم الاجتماعيَّة، فجاء الشرح فيه عن بعض المناهج باختصار، وبصيغة تعريف عنها فقط، وذلك ليتَّسعَ المجال لشرحها وطريقة تطبيقها في الكتاب القادم، والّذي سيركِّزُ على الجانب التجريبيّ في البحوث العلميَّة للعلوم الاجتماعيَّة، بينما

سيركِّزُ الكتاب الثالث على الجانب التحليليّ والتفسيريّ من هذه السلسلة، الّتي تضعها "مكتبة اليقظة العربيّة" برأس الخيمة، من أولويّات أهدافها.

ورغم أنّ البحثَ العلميّ في مفهومه المطلَقِ هو الكشف عن الحقيقة، أو أنّه وسيلةٌ لحبِّ الاستطلاع بهدف الوصول إلى نتيجةٍ ما، إلّا إنَّ ما تتطلع إليه المجتمعات حتّى في تلك الدول المتقدّمة هو توجيهه لخدمة المجتمع، وما يحتاج إليه من حلول لإشكاليّات وصعوبات تواجهه.

وبينما تعي الدول المتقدمة أهميَّة البحوث العلميَّة وتسعى إلى بذل الجهود الماديّة والعلميَّة لتوظيفه في معالجة القضايا المجتمعية، نرى في الدول النامية عكس ذلك، رغم أنَّ الدول النامية واقعيًا، هي في أشدِّ الحاجة لتلك البحوث العلميَّة الهادفة لحلِّ المشكلات العديدة الّتي تغصُّ بها مجتمعاتها؛ والّتي تشمل جميع المجالات، اقتصاديّة واجتماعيّة وصحيّة ودفاعيّة ونفسيّة، وكثيرًا غيرها من الأزمات المجتمعيَّة، وما يستجدُّ إليها من كوارث طبيعيّة تقف تلك الدول عاجزة لمواجهتها.

وجديرٌ بالذكر، أنَّ ما تجرى من بحوث في دول ما يعرف "العالم الثّالث" ومن بينها دولنا العربيّة، جاءت تقليدًا بشكلٍ أعمى لتلك الأبحاث الّتي تنفذ في دول غربيّة، خاصّة في أمريكا وفي أوروبّا، نتيجة للانبهار بالغرب، وتأثَّر مَن درسوا فيها من العرب بتلك البحوث الّتي تتولّى معالجة مشاريع لا تمتُّ لمجتمعاتنا بصلةٍ، وإذا ما نُفذَت فيها تفقدُ جدواها وفائدتها. (الحديدي، سيد20:1993).

لذلك، فالمنطقة العربيّة في حاجةٍ ماسَّة إلى بحوث تركِّزُ على قضاياها الخاصّة، وتعالج مشكلاتها. وهنا تأتي أهميَّة تدريس مناهج البحث في العلوم الاجتماعيّة في الدول العربيّة، وإجراء البحوث فيها لتناول تلك القضايا بالكشف والتشخيص والمعالجة، وذلك بتدريب كوادر من الباحثين في هذا المجال تتولاهم الدولة بالرّعاية

والاهتمام. ولا يغيب عن بالنا هنا، أهميَّة أن تتولَّى المؤسسات الرسميّة وغير الرسميّة مسؤوليّة القيام بهذا الدور لخلقِ جيلٍ جديد من الباحثين يتمُّ تدريبهم على الكشف والتشخيص والعلاج للمشكلات المجتمعيّة، منذ الطفولة وفي المراحل العلميَّة المختلفة.

وفي الوقت الّذي أتمنَّى أن يكون هذا الإنتاج المعرفيّ، قد حقَّق ما نصبو إليه في إثراء المعرفة العلميَّة لأبنائنا الطلبة والباحثين، نرجو منهم المعذرة عن أي تقصيرٍ أو أخطاءٍ قد لا يخلو منها هذا الكتاب، فجلّ من لا يخطئ.

ونسأل الله التّوفيق، وهو الهادي إلى سواء السبيل.

المراجع العربيّة

- أبو النصر، محمد زكي (2008) <u>لياقة التصميم المنهجيّ للبحث الاجتماعيّ</u>، القاهرة: مكتبة الأنجلو المصريّة.

- أبوعلام، محمود رجاء (2011) <u>مناهج البحث في العلوم النفسيّة والتربويّة</u>، القاهرة: دار النشر للجامعات.

- أحمد، سمير (1979) <u>النظريّة في علم الاجتماع</u>، ط2، القاهرة: دار المعارف.

- الأزهري، العقبي (2017) أهميّة تحديد المفاهيم في البحث الاجتماعيّ، في عاشور، نادية وآخرون، <u>منهجيّة البحث العلميّ في العلوم الاجتماعيّة</u>، الجزائر: مؤسسة حسين للنشر والتوزيع (ص70-610).

- أبو لبن، وجيه، <u>التربية الإسلاميّة وتنمية المفاهيم الدينيّة. الموقع التربوي</u> للدكتور وجيه المرسي أبو لبن.

http://kenanaonline.com/users/wageehelmorssi/post/268140

- بدر، أحمد (1994) <u>أصول البحث العلمي ومناهجه</u>، القاهرة، المكتبة الأكاديميّة.

- بركات، نظام وآخرون (1994) <u>مبادئ علم السياسة</u>، عمّان – الأردن، دار الكرمل للنشر والتوزيع.

- تومي، حنان (2017) الإشكاليّة في البحث السوسيولوجي، في عيشور، نادية وآخرون (2017) منهجيّة البحث العلمي في العلوم الاجتماعيّة: دليل الطالب في إنجاز بحث علميّ، الجزائر: مؤسسة حسين للنشر والتوزيع.

- جابر، عبدالحميد، كفافي، علاء (1989) معجم علم النفس والطبّ النفسيّ، القاهرة: دار النهضة العربيّة.

- الحديدي، سيد (1993) أضواء على البحث العلميّ، إرشادات تقنيّة: كتابة الرسائل (دبلوم – ماجستير - ودكتوراه) والنشر في المجلات والدوريات والتحضير للمؤتمرات، دمشق، منشورات دار القلم العربيّ بحلب.

- دويدري، رجاء (2000) البحث العلميّ: أساسيّاته النظريّة وممارسته العلميّة، دمشق: دار الفكر.

- الريّان، عادل (2020) مناحي البحث العلمي. مقرّر مناهج البحث العلميّ الحلقة الأولى. جامعة القدس المفتوحة (شوهدت من خلال فيديو يوم 18 يناير2020).

- زيتون، كمال (2004)، الطبعة الأولى، <u>منهجيّة البحث التربويّ والنفسيّ من المنظور الكمّيّ والكيفيّ</u>، القاهرة، عالم الكتاب.

- سلام، فريد (2017) التقنيّات المنهجيّة الملائمة للبحث الاجتماعي، (الملاحظة، المقابلة، الاستمارة، في عيشور، نادية وآخرون، <u>منهجيّة البحث العلمي في العلوم الاجتماعيّة</u>: دليل الطالب في إنجاز بحث علميّ، الجزائر: مؤسسة حسين للنشر والتوزيع (ص 2780-97).

- سليمان، عبد الرحمن (2014) <u>مناهج البحث</u>. القاهرة: عالم الكتب.

- سليمان، عبدالله (1973) <u>المنهج وكتابة تقرير البحث في العلوم السلوكيّة</u>، القاهرة: مكتبة الأنجلو المصريّة.

- السامرائيّ، طارق (2014) <u>منهجيّة حديثة في البحث العلميّ الأكاديميّ للدراسات الجامعيّة العليا</u>، بغداد: الأنوار.

- شيجي، سلمى (2017) المفاهيم والمصطلحات في العلوم الاجتماعيّة، في عيشور، نادية وآخرون، <u>منهجيّة البحث العلمي في العلوم الاجتماعيّة</u>، الجزائر، مؤسسة حسين للنشر والتوزيع (ص710-820).

- صافي، سمير (2018) <u>الإحصاء ومنهجيّة البحث</u>، غزة، الجامعة الإسلاميّة.

- صالح، سعد الدين (1998) <u>البحث العلميّ ومناهجه النظريّة رؤية إسلامية</u>، مكتبة الصحابة. جدّة: المملكة العربيّة السعوديّة.

- عبد المجيد، أيمن وآخرون (2014) <u>دليل ومبادئ عمل تطبيقيّة حول البحوث الميدانيّة في الأراضي الفلسطينيّة المحتلة</u>. فلسطين المحتلة، مركز دراسات التنمية، جامعة بير زيت.

- عقيل، حسين (2010)، <u>قواعد المنهج وطرق البحث العلميّ</u>، القاهرة، دار ابن كثير.

- **عزب، خالد، <u>المكتبات في التاريخ العربيّ.. منابر المعرفة الساطعة</u>، جريدة البيان220 اغسطس 2019.**

- عبيدات، ذوقان وآخرون (1984) <u>البحث العلميّ مفهومة وأدواته وأساليبه</u>، دمشق، دار الفكر.

- العزاوي، رحيم (2000) <u>مقدّمة في منهجيّة البحث العلميّ</u>، عمّان، دار دجلة.

- العيدروس، عمر عباس (1995) <u>أضواء على مكتبة الإسكندريّة من خلال إطلالة على التاريخ القديم</u>، أبوظبي.

- عباش، عائشة وآخرون (2019) منهجيّة البحث العلميّ وتقنياته في العلوم الاجتماعيَّة، ألمانيا: المركز الديمقراطيّ العربيّ.

- عبد المؤمن، علي (2008) مناهج البحث في العلوم الاجتماعيَّة: الأساسيات والتقنيات والأساليب. بنغازي: جامعة 6 أكتوبر.

- العسكري، عبود (2004)، منهجيّة البحث العلميّ في العلوم الإنسانيَّة. دمشق، دار النمير.

- عبد السلام، محمد (2020) مناهج البحث في العلوم الاجتماعيَّة. مكتبة نور الإلكترونيَّة.

- عبد الفتاح، فيصل. تقييم جودة الدراسات السابقة في الرسائل العلميَّة، ورقة عمل مقدّمة في الملتقى العلميّ الأوّل لكليَّة الدّراسات العليا بجامعة نايف العربيّة للعلوم الأمنية، تجويد الرسائل والأطروحات العلميَّة وتفعيل دورها في التنمية الشاملة والمستدامة، جامعة الملك سعود، الرياض، المملكة العربيّة السعوديّة، 10- 12 أكتوبر 2011.

- عبد الفتاح، لؤي وحمزاوي، زين العابدين (2012) الوجيز في مناهج البحث وتقنياته. المغرب: مكتبة القادسيَّة.

- عمر، محمد زيان (2002) البحث العلميّ: مناهجه وتقنياته، القاهرة، الهيئة المصريّة العامة للكتاب.

- عيشور، نادية، تقنيات ووسائل البحث السوسيولوجي ووسائطه، في عيشور، نادية وآخرون (2017)، منهجية البحث العلميّ في العلوم الاجتماعيَّة، دليل الطالب في إنجاز بحث علميّ، الجزائر: مؤسسة حسين للنشر والتوزيع.

- غانم، إبراهيم (2008) ط١ مناهج البحث وأصول التحليل في العلوم الاجتماعيّة. القاهرة: مكتبة الشروق الدوليّة.

- غرايبة، فوزي وآخرون (1977)، أساليب البحث العلميّ في العلوم الاجتماعيّة والإنسانيّة. عَمّان: الجامعة الأردنيّة.

- فرانكفورت شافا، وناشمياز دافيد ناشمياز(2004)، طرائق البحث في العلوم الاجتماعيّة. ترجمة: ليلى الطويل، دمشق: دار بترا للنشر والتوزيع.

- قاسم، محمد (1999) مناهج البحث العلميّ، بيروت، دار النهضة العربيّة للطباعة والنشر.

- قنديلجي، عامر إبراهيم (1999) البحث العلميّ واستخدام مصادر المعلومات، الأردن، عَمَّان، دار اليازوري العلميّة.

- قنديلجي، عامر إبراهيم (2012) منهجيّة البحث العلميّ. الأردن، عمّان، دار اليازوري العلميّة للنشر والتوزيع.

- قنديلجي، عامر (2019) منهجيّة البحث العلميّ. الأردن، عمّان، دار اليازوري العلميّة للنشر والتوزيع.

- الكندري، يعقوب (2005) ط1، الاستبيان: تصميمه وطرق المعالجة الإحصائيّة في العلوم الاجتماعيّة والسلوكية. بيروت، لبنان، دار الأحباب.

- كوجك، كوثر حسين (2007) ط1، أخطاء شائعة في البحوث التربويّة، القاهرة، عالم الكتب.

- كوسة، بوجمعة، البناء المنهجيّ للفرضيّات والأهداف وعلاقتها بنتائج البحث، في عيشور، نادية وآخرون (2017)، منهجيّة البحث العلميّ في

العلوم الاجتماعيَّة: دليل الطالب في إنجاز بحث علميّ، الجزائر، مؤسسة حسين للنشر والتوزيع.

- كاظم، فرات (د.ت) "العينات وأنواعها في البحث..."، محاضرة (يوتيوب) التاسعة، تاريخ الحصول على المادة، 20 يناير 2020م.

- لطفي، سامية (2011) تقويم بحوث علم النفس وتجويدها. الإسكندريّة: جامعة الإسكندرية، كلية التربية، قسم علم النفس التربويّ.

- المحارب، فيصل (2020) الملاحظة كأداة لجمع البيانات، ملتقى مناهج البحوث العلميّة، الملتقى الرسميّ للجمعيَّة السعوديَّة لعلم الاجتماع والخدمة الاجتماعيّة، تمَّ الحصول على المادة (30-3-2020).

- ميرزا، غيريب وآخرون (2016) مقدّمة في مناهج البحث العلميّ. دمشق، معهد الجمهورية لمنهجيّات البحث العلميّ.

- مصيبح، لويزة (2017) المفاهيم في العلوم الاجتماعيَّة، في عاشور، نادية وآخرون، منهجيّة البحث العلميّ في العلوم الاجتماعيّة، في عيشور، نادية وآخرون، منهجيّة البحث العلميّ في العلوم الاجتماعيّة، الجزائر مؤسسة حسين، راس الجبل للنشر والتوزيع (ص ص:83-93).

- المحمودي، محمد سرحان (2019) ط3، مناهج البحث العلميّ، صنعاء، دار الكتب.

- ندير، بلعور (2016)، الفوارق بين المنهج الكميّ والمنهج الكيفيّ، الجزائر، جامعة غاردان.

- النشار، السيد السيد (1999) تاريخ الكتب والمكتبات في مصر القديمة، القاهرة، دار الثقافة العلمية.

- ناشيماز، شافا، ناشيماز، ديفيد (2004) <u>طرائق البحث في العلوم الاجتماعيّة</u>، ترجمة ليلى الطويل، سورية، دار بترا.

- نصري، هاني (2004) <u>منهج البحث العلميّ</u>: دعوة للدخول إلى العلم من المنطق ونظرية المعرفة، بيروت، المؤسسة الجامعيّة للدراسات والنشر والتوزيع.

- هيثم، ثنيو محمد (2017)، <u>المكتبات الخاصّة ودورها في خدمة البحث العلميّ</u>، قسم المكتبات، جامعة الأمير عبد القادر للعلوم الإنسانيّة، الجزائر.

المراجع الأجنبيّة:

- Bryman, Alan (1988) <u>Quantity and Quality in Social Research.</u> London. Unwin Hyman

- Bergman, Manfred (1998) <u>A Theoretical Note on the Differences between Attitudes, Opinion, and Values</u>, Swiss Political Science Review 4 (2): 81-93.

- Charis, Hart (2003) <u>Doing a Literature Search</u>, London: Sage

- Creswell, J. W, (1994) Research Design: Qualitative and Quantitative Approach. London, Sage

- Edwards, A. and Talbot, R. The Hard- pressed researcher (2ed) A research handbook for the caring professions. London and New York, Longman.

- Floyd, J; Fowler, Jr.(1984) <u>Survey Research Methods</u>. Applied social Research Methods series. Volume 1. London. Sage

- Glastonbury, Bryan and Mackean, Jill. <u>Survey Methods.</u> in Allan, Graham, and Skinner, Chris (1991) Handbook for Research Students in the Social Sciences. London: The Falmer Press

- Glatthorn, Allan (1998) <u>Writing the Winning Dissertation</u>. A Step-by Step Guide. London. Sage Publication

- Hakim,Catherine (1987) <u>Qualitative Research</u>. Research Design: Strategies and Choices in the Design of Social Research, London, Sage

- Holloway, I. (1997) Basic Conceptions for Qualitative Research. Uk, Oxford Press

- Kidder, Louise and Charles, Judd (1997) <u>Research Methods in Social Sciences,</u> 5th ed. New York: Macmillan

- May, Tim (1997) <u>Social Research:</u> Issues , Methods and Processes. UK. Open University Press